AF250522

L'HYGIÈNE

DE LA

FEMME PROFESSEUR

Maria DUPONT

L'HYGIÈNE

DE LA

FEMME PROFESSEUR

GUIDE PRATIQUE

A L'USAGE DE TOUTES LES FEMMES QUI SONT DANS L'ENSEIGNEMENT

PARIS

LIBRAIRIE CLASSIQUE FERNAND NATHAN

16, rue des Fossés-St-Jacques, 16

1913

Tous droits réservés.

PRÉFACE

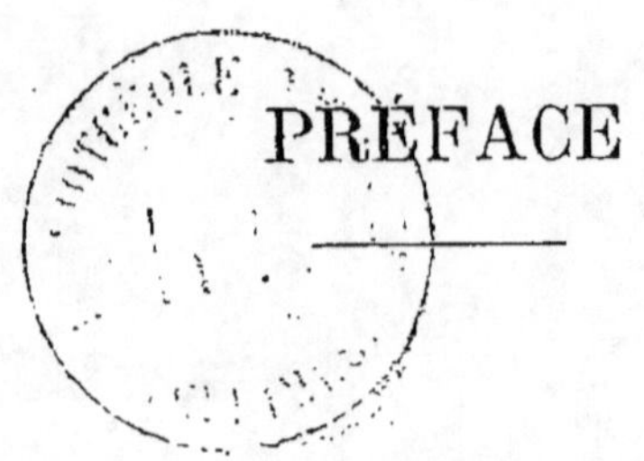

Lorsque la mort est venue brusquement la surprendre en plein labeur, Mlle Maria Dupont venait de terminer la rédaction du petit volume que je recommande aujourd'hui au public de professeurs auquel il est destiné. Comme toujours, l'auteur en se mettant à l'œuvre avait obéi à l'idée qui a guidé tout son effort dans le cours de sa trop brève carrière : être utile aux autres. Je pense qu'elle y a réussi.

Les conseils pratiques, qu'elle adresse en cet aperçu rapide aux femmes professeurs, ont le mérite d'être d'une simplicité et d'une facilité qui en rendront l'observation aisée à toutes celles qui voudront en profiter. Puissent-elles être nombreuses. Les quelques règles d'hygiène ainsi tracées se montreront, à l'usage, à celles qui voudront bien s'y soumettre, d'une efficacité qui les surprendra et qui les convaincra vite que consacrer chaque jour quelques soins à son hygiène c'est augmenter son capital de santé comme son rendement en travail intellectuel et sa résistance aux maladies, c'est travailler de façon intelligente à son bonheur personnel et à celui de tous les siens, bonheur dont une bonne santé est toujours le fondement le plus solide et le plus sûr.

Mlle Maria Dupont avait complètement terminé la rédaction de ce travail lorsque la maladie qui l'a terrassée est venue la surprendre. Elle se proposait de le reviser dans quelques endroits, je le sais; mais, après l'avoir lu, j'ai pensé que, par respect pour sa mémoire et afin de conserver plus certainement la forme qu'elle voulait lui donner pour l'adapter mieux à sa destination particulière, il convenait de le laisser tel qu'il était, sauf à en préciser quelques points de détail.

Ce livre est donc bien l'œuvre personnelle de Mlle Dupont, mais je dois dire que j'approuve au nom d'une expérience de médecin et d'hygiéniste, vieille maintenant d'un quart de siècle, l'effort tenté par elle pour faire entrer dans l'esprit des femmes professeurs l'idée salutaire de la nécessité absolue pour elles d'une hygiène simple et efficace dont les règles soient adaptées à leurs si utiles et si délicates fonctions.

Ce n'est pas sans une émotion profonde que je trace ces quelques lignes en songeant à tout le bien que rêvait, et qu'aurait sans aucun doute accompli avec sa calme et persévérante énergie, la femme de cœur et de vues généreuses qu'était Mlle Dupont.

Elle est disparue à l'heure où les espoirs longuement caressés par elle commençaient à se réaliser, à l'heure où elle allait pouvoir donner libre cours à son zèle d'apôtre et à sa soif d'action. Elle est morte au travail, comme il convenait à la laborieuse ouvrière qu'elle était.

Puissent les semences de bonheur et de bien-être que sont les feuilles de ce livre germer en abondantes moissons pour le plus grand bien de ses collègues de l'enseignement dont elle rêvait d'améliorer le sort. Ce sera une consolation pour les amis qui la regrettent de songer que son dernier effort n'aura pas été perdu.

Lille, le 12 mai 1913.   H. SURMONT.

NOTE DE L'ÉDITEUR

Nous devons une particulière reconnaissance à M. le Docteur SURMONT, professeur à la faculté de Médecine de Lille, qui a bien voulu revoir les épreuves de cet ouvrage que la mort inopinée de l'auteur avait laissées en suspens. Qu'il veuille bien en agréer ici l'expression sincère.

INTRODUCTION

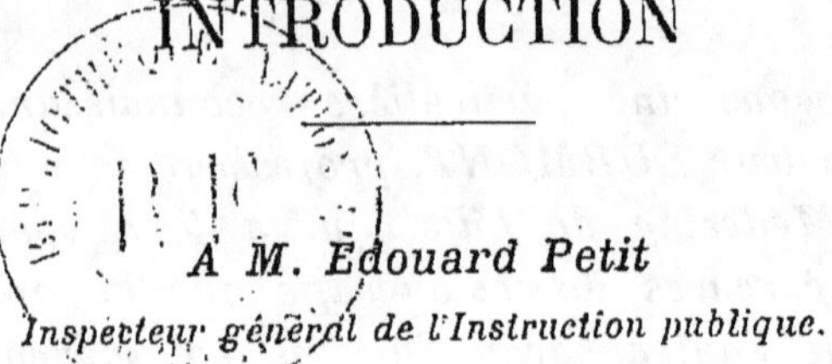

À M. Édouard Petit
Inspecteur général de l'Instruction publique.

Il y a un an, je lisais dans un journal quotidien
de la région votre poignant article « *Misères d'Enseignantes* » et, le cœur douloureusement ému,
comme le fut celui de toutes les Institutrices
qui vous lurent, je vous écrivais que votre cri
d'alarme avait été entendu et qu'une institutrice
essaierait d'apporter sa modeste contribution à
l'œuvre urgente de la préservation de la santé
de toutes les Enseignantes. Car je ne sépare pas
de la *grande famille universitaire* nos collègues
de l'Enseignement secondaire, ni celles des
écoles normales et des écoles primaires supérieures qui sont nos sœurs, plus fortunées sans
doute, mais qui sont comme nous le sommes,
nous Institutrices, exposées à tous les dangers
inhérents aux fonctions d'enseignement.

L'idée de ce petit livre était conçue. Le livre

est né et je vous prie de vouloir bien en accepter la dédicace comme un tribut de reconnaissance que je paie au nom de toutes les Enseignantes au dévoûment que vous apportez à défendre notre cause.

Ce livre n'est ni un livre de *critique*, ni un livre de *combat* des *idées* et des *personnes ;* s'il s'élève contre quelque chose, c'est contre les mauvaises habitudes de toutes sortes que la négligence, l'indifférence ou l'ignorance laissaient croître. Mon désir est donc qu'il soit un livre *d'enseignement*, je dirai plus, un livre *d'éducation,* si ce mot n'est pas trop ambitieux. Je me suis défendu en l'écrivant d'entrer dans le domaine de la médecine où ma compétence ne saurait utilement s'exercer ; j'ai cependant essayé de faire œuvre scientifique et pratique tout à la fois en ayant recours, d'une part, à *l'autorité des maîtres* en matière d'hygiène, et d'autre part à *l'expérience des faits* qui est aussi un maître.

Au point de vue *scientifique* j'ai puisé largement dans les leçons magistrales de celui qui a été pour moi depuis plusieurs années un guide en matière d'hygiène préventive, j'ai nommé le professeur Surmont, qui a bien voulu témoigner encore de l'intérêt qu'il porte à l'enseignement, en relisant les épreuves de ce tra-

vail et en y apportant les modifications et addi-
tions nécessaires pour qu'il soit conforme de
tous points aux théories et aux pratiques scienti-
fiques courantes.

Je le prie de recevoir ici l'expression publique
de ma gratitude, bien sincère.

J'ai tiré également de l'œuvre des auteurs
connus, dont on retrouvera le nom à la biblio-
graphie, ce qui me paraissait offrir le plus d'intérêt au point de vue spécial qui nous occupe.

Au point de vue *pratique* même, j'ai puisé
dans l'expérience des faits, expérience bien douloureuse parfois, hélas! les éléments de ce plai-
doyer en faveur de l'hygiène professorale.

Depuis plusieurs années, j'observe avec un
intérêt qui va sans cesse croissant le monde de
celles que l'on appelle les « Enseignantes; » j'ai
gardé des souvenirs écrits et oraux de longues
conversations avec les collègues des différents
ordres d'enseignement.

Or, j'ai vu que, depuis vingt ans et plus que se
sont levées de toutes parts les œuvres *d'hygiène
sociale* ayant trait à la protection de l'individu
et de l'enfance, des milliers d'enseignantes de
tous ordres, professeurs de lycées et de collèges,
professeurs d'écoles normales et d'écoles supérieures, institutrices des villes et des campagnes

ont contribué au fonctionnement de ces œuvres, créant ici et là des gouttes de lait, des consultations de nourrissons, ou prenant part à leur fonctionnement sous la direction de médecins éclairés, organisant ou faisant elles-mêmes des conférences ou des causeries d'hygiène avec une générosité, un dévoûment et un désintéressement auxquels d'autres avant moi ont rendu un hommage mérité.

Mais j'ai remarqué que, dans cette lutte générale contre les fléaux qui menacent l'individu, il n'est pas venu un seul instant à l'esprit de ces éducatrices d'hygiène sociale qu'elles avaient, elles aussi, à se préserver de maux redoutables et à organiser la lutte pour la défense de leur santé personnelle.

D'autre part la tâche d'enseignement a grandi; aux heures du travail de jour sont venues s'ajouter les heures déprimantes du travail de la veillée.

La vigueur et la santé des enseignantes a-t-elle crû dans les mêmes proportions?

Il est permis d'en douter, quand on constate que le nombre des congés sollicités chaque année par les maîtresses de tous ordres et de tous âges va sans cesse croissant, à tel point, que les crédits inscrits chaque année au budget sont devenus tout à fait insuffisants et que le Ministère de l'Instruction publique fait actuellement une enquête très sérieuse sur les congés.

Non, les enseignantes en général ne sont plus assez fortes pour remplir les tâches nouvelles auxquelles un idéal généreux peut les convier.

Non, elles ne sont pas prêtes pour les nouveaux labeurs qu'on pourra leur demander demain.

La plupart, fatiguées, regardent mélancoliquement l'avenir avec le découragement du voyageur qui, sentant ses forces vaciller à mi-chemin, regarde avec tristesse la longue route qui lui reste à parcourir et dont la brume épaisse de l'impuissance voile le terme à son regard fatigué....

Mais ne nous attardons pas à ces constatations affligeantes. Abordons résolument le problème et cherchons à le résoudre.

Le mal existe, c'est un fait. Il faut chercher le remède, c'est une nécessité.

Ce mal réside surtout dans une mauvaise organisation de la vie des Enseignantes, dans leur insouciance ou dans l'ignorance où elles sont souvent des règles les plus élémentaires de l'hygiène qui leur convient, et qui doit être envisagée, non pas seulement au point de vue général de leur nature de *femmes* mais au point de vue particulier de leurs fonctions d'enseignement.

Le remède a été indiqué : il consiste dans une meilleure préparation à leur fonction et dans une meilleure organisation de leur vie.

Or, quand on propose ce remède — surtout quand on propose le dernier, on s'attire généralement des intéressées cette réponse déconcertante : A quoi bon! Je n'ai pas le temps....

Cet argument n'est pas sérieux.

On ne peut concevoir que des personnes instruites, intelligentes pour la plupart, qui ont fait les plus gros sacrifices de temps et d'argent pour mener leurs études à bon terme, qui ont de la raison, de la volonté, qui en témoignent dans mille circonstances de la vie, ne sachent se déterminer à faire un sacrifice en faveur de leur santé.

Je pense que notre effort doit porter surtout du côté des « jeunes », qu'il faut préserver des tourments qui affligent notre génération et celle qui a précédé la nôtre.

De ce côté, hélas, que de constatations affligeantes déjà il y a lieu de faire.

Combien d'élèves de nos écoles normales primaires, de nos écoles normales supérieures,

arrivent au seuil de la carrière après avoir déjà
été touchées par l'anémie, par la neurasthénie,
voire par la tuberculose?

Les conditions auxquelles sont soumises les
élèves des écoles normales primaires, en particulier, si elles sont favorables à leur formation
professionnelle, ne le sont pas toujours à leur
santé.

Je demandais à un professeur d'une école
normale importante s'il ne serait pas possible
d'exercer une surveillance plus attentive sur les
conditions de santé des élèves maîtresses et
d'essayer, par une meilleure organisation de leur
vie, de prévenir les conséquences d'un état de
choses qui tend de plus en plus à se généraliser,
je veux parler du mauvais état de santé des
jeunes élèves maîtresses.

« Il nous est impossible, me dit-elle, de faire
« *plus et mieux* malgré toute notre bonne volonté;
« le nombre de nos élèves est trop grand pour
« que nous puissions exercer sur elles une sur-
« veillance *individuelle rigoureuse.*

« Et d'ailleurs, nos élèves, intelligentes pour la
« plupart, puisqu'elles constituent l'élite des en-
« seignantes primaires, devraient être assez rai-
« sonnables pour veiller elles-mêmes sur leur
« santé sans que nous soyons obligées de leur

« enseigner jusqu'aux plus élémentaires pra-
« tiques d'hygiène qui peuvent les aider à la con-
« server intacte. »

Je retiens les arguments de mon honorable
collègue, mais je ne partage pas son optimisme
à l'égard de la « raison » qu'on peut attendre des
jeunes élèves maîtresses qui sont souvent fort
peu soucieuses de leur santé et j'estime qu'il y
a un grave danger à ne pas leur apprendre les
menues pratiques d'hygiène qui peuvent les aider à la conserver.

Je me souviens toujours du « tolle » général
soulevé un jour par une directrice d'école normale : elle avait décidé que chaque élève maîtresse aurait à se pourvoir d'une cuvette pour
la toilette intime.

Ce n'était point l'idée de la dépense, relativement minime d'ailleurs, qui soulevait l'indigna-
tion un peu enfantine des élèves maîtresses,
c'était peut-être, avec un vieux reste de préjugés
d'autrefois sur l'hygiène, l'expression brutale de
leur ignorance de la nécessité de certains soins
de toilette.

Je n'insiste pas autrement sur ces questions
me proposant d'y revenir en temps utile.

Si nous nous tournons, du reste, vers celles
des élèves de nos grands établissements qui de-

vraient être les plus « raisonnables » étant les
plus âgées, je veux dire les élèves des écoles normales supérieures, nous trouvons que là peut-
être encore plus qu'ailleurs il y a une nécessité
urgente à parler d'hygiène. Dans ces écoles où
la culture intensive est portée à son maximum, où
par conséquent chaque élève devrait comprendre
qu'il y a une économie de la vie adéquate à l'effort qu'on demande à l'organisme, il n'est pas
rare de voir commettre les pires fautes d'hygiène
générale, d'hygiène alimentaire et d'hygiène intellectuelle en particulier.

Et si j'insiste particulièrement sur l'organisation de l'hygiène dans les écoles normales de
tous ordres c'est précisément parce que je sens
bien que là est la base des réformes les plus urgentes. Ce n'est déjà plus en effet quand l'Enseignante est surmenée, fatiguée, déprimée, quand
sa vitalité est diminuée, quand la laryngite, la
neurasthénie, la tuberculose ont déjà commencé
leur œuvre de destruction qu'il faut songer à lui
parler d'hygiène. Il est souvent trop tard, et
l'hygiène n'a plus alors qu'une action palliative
destinée à procurer une survie plus ou moins
longue et toujours douloureuse, car on souffre
toujours des déchéances ; c'est lorsque, forte de
sa jeunesse, elle se présente à l'école nor-

male, avec la foi, la gaîté, l'enthousiasme de
son âge, qu'il faut lui apprendre à organiser sa
vie, qu'il faut lui apprendre l'économie de ses
forces et leur conservation; c'est alors qu'il faut
lui donner, non pas une série de règlements et
de minuties qui l'irritent, mais la saine compré-
hension et la mise en pratique des principes
d'hygiène professorale, des habitudes qu'elle
transportera après sa sortie de l'école où qu'elle
se dirige d'ailleurs.

C'est ce à quoi nous voulons l'aider.

Si ce petit livre peut être utile, c'est à vous,
Monsieur l'Inspecteur général, qu'il le devra, à
vous et à tous ceux qui, par leurs enseignements,
m'ont aidée à l'écrire; et c'est à vous que devront
aller les remerciements de celles à qui il aura pu
rendre quelques services.

Maria Dupont.

Lille, 1er décembre 1911.

HYGIÈNE

DE LA

FEMME PROFESSEUR

LES DÉBUTS

Le recrutement des Enseignantes. — Leur état de santé à leur entrée et à leur sortie des Ecoles normales. — Constatations d'expérience. — Réformes urgentes. — Conclusion.

Les Enseignantes se recrutent actuellement dans les familles moyennes d'ouvriers, d'employés et de fonctionnaires urbains ou bien dans les familles de cultivateurs aisés.

Des jeunes filles qui se destinent aux fonctions d'institutrice, les unes se préparent au concours d'entrée dans les écoles normales en demeurant dans leurs familles quand elles se trouvent dans un centre qui offre des ressources au point de vue des études, c'est-à-dire dans une commune où fonctionne un lycée, un collège, une école primaire supérieure ou tout au moins un cours complémentaire. Encore dans nombre de familles on doit s'imposer pour leurs études des sacrifices assez lourds dont le régime alimentaire se ressent.

Parfois ces jeunes filles vivent d'une *vie familiale normale*, favorable à leur développement, surtout dans la période difficile de la puberté. D'autres au contraire sont astreintes de par leur éloignement de toute école, soit à faire chaque jour de longs parcours en chemin de fer, ce qui n'est guère favorable ni à leur santé ni à leur moralité, ou bien à subir les inconvénients de *l'internat,* ce qui est pire encore.

Toutes ces jeunes filles, d'où quelles viennent du reste, arrivent généralement au seuil de l'école normale déjà fatiguées par les veilles auxquelles les astreignent et les programmes encore trop chargés de nos établissements d'enseignement et une mauvaise organisation de leur travail.

L'école normale fait une sélection parmi ces jeunes filles, au point de vue de la santé.

Depuis quelques années l'examen médical est devenu plus sévère qu'il ne l'était auparavant ; ce qui n'empêche pas d'ailleurs que, chaque année, dans bon nombre d'écoles normales on soit obligé de licencier un certain nombre d'élèves en cours d'année pour les renvoyer se reposer dans leurs familles.

Celles qui ne peuvent entrer à l'école normale pour raisons de santé continuent généralement leurs études et essaient d'entrer dans l'enseignement dès qu'elles sont en possession des titres nécessaires.

Ce sont ces jeunes filles qui sont appelées à combler le contingent insuffisant des maîtresses que fournissent les écoles normales. Et l'on voit de jeunes institutrices que l'on a refusé d'admettre à l'école pour cause de santé déclarées aptes aux fonctions après un examen médical sommaire pratiqué par un médecin assermenté.

Le problème ne laisse point d'être complexe, je le sais, pour ceux qui ont la charge difficile du recrutement du personnel enseignant. Je sais aussi qu'un examen médical trop sévère écarterait de nos cadres des unités de valeur qui pourraient aller ailleurs chercher la situation à laquelle leur travail antérieur semblait leur avoir donné quelque droit.

J'établis les faits sans les discuter autrement qu'au point de vue de l'hygiène.

Si l'école normale accepte les jeunes maîtresses, il faut savoir *ce qu'elle en fait*, et ce *qu'elle doit en faire*. Il est absolument indispensable que les directrices d'écoles normales se pénètrent bien de leur responsabilité à ce sujet.

On n'accepte pas impunément la charge de diriger un grand nombre de jeunes filles, au point de vue physique, intellectuel et moral ; cette direction doit être effective pour être utile.

Ce n'est point seulement du cabinet de la directrice, ni du haut de la chaire de conférences, que doivent partir les conseils et les indications nécessaires aux jeunes élèves maîtresses, c'est la présence même de la directrice à certains moments qui doit en obtenir l'application. Les surveillantes générales sont en général très dévouées à leur tâche mais elles sont trop jeunes encore pour avoir auprès des élèves maîtresses l'autorité nécessaire en certains cas. Il est des conseils qu'on n'accepte pas facilement de celles qui hier encore étaient des camarades, mais auxquels on se range plus facilement sur un signe d'une personne autorisée.

Qu'on ne se méprenne pas sur mes intentions. Je n'ai pas le désir, on l'entend bien, de transformer les directrices d'écoles normales en surveillantes générales; elles ont, je le sais, bien d'autres occupations; je dis seulement que leur présence à certains moments serait *nécessaire, de temps en temps*, pour renforcer l'autorité des surveillantes et celle des professeurs.

Je ne doute pas un seul instant d'ailleurs qu'aucune directrice se refuse à envisager sérieusement le problème.

Un grand nombre ont déjà réalisé dans leurs établissements des réformes sérieuses au point de vue de l'hygiène; celles qu'une culture intensive a rendues un peu trop idéalistes et qui restent trop éloignées encore des réalités les feront.

Il est impossible que toutes ne soient pas au premier rang de ceux et de celles qui veulent que les

enseignantes soient *fortes physiquement*, pour affronter leur tâche si difficile.

Il faut du reste que les administrateurs qui sont
chargés de veiller aux destinées des écoles normales, d'apprécier la valeur de leur direction et leur
gestion, se montrent particulièrement difficiles en ce
qui concerne l'hygiène. Il est plus que jamais nécessaire qu'ils ne se paient ni de *mots*, ni *d'apparences*
mais que, avec une vigilance toute particulière, ils
aillent au fond des choses et les pénètrent comme il
leur appartient de le faire. C'est d'eux et de nos
écoles normales que nous pouvons attendre des réformes heureuses.

Les élèves maîtresses bien préparées à la vie
normale pourront se diriger alors sans crainte soit
vers l'enseignement, ou vers d'autres études selon
leurs aptitudes, fortes en santé, riches surtout en
bonnes habitudes d'hygiène physique, intellectuelle
et morale.

DE L'HABITATION

La question de l'habitation est pour les enseignantes d'une très grosse importance.

C'est à peine si j'ose parler du logement fourni par les communes aux modestes institutrices adjointes, logement qui se compose, sauf dans les bâtiments de construction relativement récente, d'une seule chambre dont les dimensions varient, mais dont l'usage ne varie pas, puisque l'institutrice en fait souvent à la fois et sa cuisine et sa chambre à coucher.

Il faudrait assurer une meilleure répartition du logement communal entre les directrices et les adjointes et assurer à ces dernières la jouissance de deux chambres au moins. On voit en effet, dans certaines écoles, la directrice prendre dans la maison un appartement dont plusieurs pièces restent inoccupées tandis que son adjointe est réduite à n'avoir qu'une pièce pour tous usages.

On a exprimé souvent le désir très légitime de voir les jeunes institutrices ne pas déserter leurs postes le jeudi et le dimanche pour rester plus directement en contact avec les familles et veiller ainsi aux intérêts de l'école.

Il faudrait commencer par leur assurer un logement sain et confortable dont elles puissent se faire un intérieur agréable. Elles seraient moins tentées de voyager continuellement au grand détriment du service et de leur santé.

Quand il n'y a pas de logement à l'école, la commune fournit une indemnité trop légère souvent pour que l'institutrice puisse s'abriter dans une maison convenable, ce qui présente de multiples inconvénients.

Parfois même la jeune maîtresse ne trouve pas à se loger dans la commune, et elle est condamnée à retourner chaque jour dans sa famille, quelle que soit la distance qui l'en sépare.

Les institutrices de villes sont plus heureuses en général, parce qu'elles reçoivent une indemnité plus forte et peuvent choisir leur logement à leur guise.

Quant aux professeurs d'écoles normales, aux professeurs de l'enseignement secondaire, aux professeurs des écoles primaires supérieures, soit qu'elles se logent à l'école, soit qu'elles demeurent en ville, elles sont dans une situation pécuniaire qui leur permet de prendre un appartement qui pourrait être toujours choisi conformément aux exigences de leur santé. Il leur appartient de ne pas subordonner ces exigences à d'autres convenances dont la satisfaction peut sans doute être recherchée très légitimement, mais qui ne doivent point exclure les préoccupations plus urgentes de l'hygiène et de la santé.

Il serait bien désirable que les enseignantes, qui demeurent en dehors de leurs établissements, choisissent leur habitation à quelque distance de ceux-ci de façon à s'obliger à faire chaque jour à pied une petite course qui leur servirait de promenade hygiénique.

Rien n'empêche d'ailleurs de se loger à proximité des voies de communication dont on pourrait disposer, mais seulement en cas de mauvais temps, car il faut avoir le courage de lutter contre la passivité à laquelle on se laisse aller trop facilement.

Dans les localités où cela est possible il faut préférer le choix d'une maison petite, mais saine, à celui d'un appartement. La cohabitation de plusieurs familles dans un même local offre une multitude d'inconvénients que ne compensent pas toujours les agréments d'un appartement surtout au point de vue de l'hygiène.

Une fois le logis choisi il faut assurer une *bonne distribution* des pièces qui le composent.

Ici encore il faut faire intervenir la question d'hygiène et ne pas sacrifier l'utilité aux exigences mondaines — qui ne sont pas faites pour les enseignantes — en réservant les plus belles pièces de l'appartement à l'usage du salon.

Il est plus urgent d'avoir une chambre à coucher confortable et bien aérée, une salle à manger claire et gaie, qu'un salon où l'on n'entre que d'une façon tout à fait occasionnelle et dans lequel bien souvent on ne reçoit pas ses intimes.

Les *raisons de mode ou de sentiment* doivent donc passer dans cette question de distribution de l'appartement après celles de *confort et d'hygiène*.

L'air et la lumière sont les deux facteurs qui doivent déterminer dans leur choix des personnes qui, par fonction, s'intoxiquent rapidement et qui ont besoin de se désintoxiquer continuellement.

Il faut choisir de préférence, pour en faire la chambre à coucher, la pièce qui se trouve *exposée au midi* ou *au sud-est*, ou à défaut de cette exposition celle où se trouvent les plus larges baies. Il importe en effet que la chambre à coucher reste *aérée le jour et la nuit,* et qu'elle soit autant que possible baignée par la lumière.

J'insiste beaucoup sur cette question de l'aération permanente et de l'éclairage de la chambre à coucher pour des raisons que tout le monde comprendra.

Je sais que la tradition et que les habitudes s'opposent en général à l'observance de cette mesure hygiénique. Les motifs de cette attitude n'ont à mon sens aucune valeur.

On impose l'aération permanente à des gens dont la vitalité est fort diminuée — je veux dire aux laryngiques et aux tuberculeux — et l'on voit presque tous les gens bien portants refuser de s'y conformer par crainte du froid.

Or cette crainte est tout à fait puérile puisqu'elle n'existe pas chez les gens qui pratiquent, par nécessité ou par goût, l'aération permanente de jour et de nuit.

Il suffit en effet de se préserver du froid par le port d'une chemise de nuit chaude et de disposer son lit de façon à ne pas recevoir l'air directement ou à n'être pas dans un courant d'air (entre une porte et la cheminée, ou entre une fenêtre et une porte).

Il est des régions ensoleillées où il suffit de sortir de chez soi pour être baigné par la lumière du soleil, il en est d'autres comme les régions du Nord où le soleil est plus avare de sa *lumière* et de sa *chaleur*.

Partout, cependant, dès qu'un rayon de soleil pénètre dans la maison, on s'empresse de se préserver de son action bienfaisante sous prétexte qu'il a sur les gens et sur les choses une action malfaisante et qu'il fatigue la vue.

C'est une grosse erreur. Le soleil a précisément sur les gens et sur les choses une action dont nous parlerons ultérieurement en insistant sur la pratique des bains d'air et de lumière.

Je n'ai pas besoin d'ajouter que la pratique de l'aération permanente doit être la règle absolue pour les enseignantes (et elles sont le plus grand nombre), qui ne disposent que d'un logement réduit, dans lequel, aux déchets habituels de la respiration, viennent s'ajouter les odeurs de cuisine si insupportables et les produits toxiques de la combustion du foyer, ce qui constitue une atmosphère tout à fait irrespirable.

Dans la plupart des écoles normales, on pratique aujourd'hui cette aération permanente; c'est une excellente habitude, qu'il est désirable de voir se généraliser.

Je signalerai cependant un inconvénient sérieux aux élèves des écoles normales supérieures qui travaillent parfois très tard dans leurs cellules, c'est l'influence déplorable que peut avoir l'action de l'air froid ou de l'air frais dans les nuits d'été par exemple et celle de la lumière sur les yeux. On a signalé des accidents très graves dont tous ceux qui travaillent tard doivent se garder. Il est peut-être préférable, dans les cas de veille, de fermer ses fenêtres, sauf à les ouvrir quand on se couche.

DE L'AMEUBLEMENT

L'appartement choisi, il faut songer à le meubler. Une chose doit guider les enseignantes quand elles choisissent leur mobilier : c'est la simplicité et le facile entretien de ce dernier.

Nous disposons en général de fort peu de temps pour vaquer aux occupations du ménage ou pour surveiller les gens de service auxquels nous en confions le soin.

La simplicité du mobilier n'en exclut ni l'élégance, ni le bon goût. Il y a aujourd'hui des meubles de style sobre, dont la pureté de lignes ne le cède en rien en beauté aux meubles riches et surchargés d'ornements et de sculptures; or la simplicité permet un entretien facile et rapide. Les enseignantes feront bien de s'inspirer, dans cet ordre de vues, des idées si judicieuses mises aujourd'hui en pratique par les hôtels de premier ordre qui ont le souci de l'hygiène et du confort.

L'ordre dans lequel il faut acheter ses meubles

n'est pas indifférent. La chambre à coucher, la salle
à manger sont indispensables, mais il vaudrait
mieux se passer de salon que de salle de bain quand
on peut en installer une. Je n'insiste pas autrement
sur ce point, chacune de nous ayant là-dessus des
préférences personnelles.

L'emploi des tapis est gros d'inconvénients pour
des personnes qui n'ont pas la ressource des battages
répétés et de l'aspiration automatique des poussières qui en rendent l'usage coûteux.

Le linoléum, d'un entretien facile, est bien préférable aux tapis de laine ou de jute qui sont de
véritables nids à poussières et à microbes.

Je proscrirai de la chambre à coucher en particulier les tapis et les descentes de lits dont on ne
peut assurer un nettoyage et une désinfection rigoureux, et je n'admettrai les tentures que là où
elles sont absolument indispensables. Les rideaux
doivent être clairs et laisser pénétrer la lumière à
flots.

Toutes ces mesures peuvent paraître excessives.
On remarquera que je me place au point de vue particulier de maîtresses de maison qui disposent d'un
temps relativement restreint et chez lesquelles il
faut par conséquent réduire le plus possible les travaux de nettoyage qui seraient négligés faute de
temps ou de surveillance.

Je n'ai pas à entrer ici dans les détails de l'entretien de l'appartement qui sont du ressort de l'écono-

mic domestique. Je recommanderai seulement de n'y jamais balayer à sec, ou tout au moins sans les fenêtres grandes ouvertes; de n'y pas brosser les vêtements et les chaussures, si on peut le faire dans la cour.

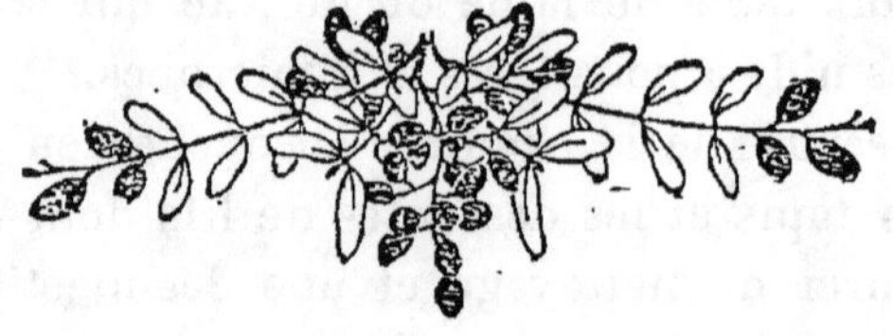

LES APPAREILS DE CHAUFFAGE
ET LES USTENSILES DE CUISINE

Le choix des appareils de chauffage dépend naturellement de la région où l'on se trouve, et du combustible que l'on emploie.

Il y a une nécessité dont il faut tenir le plus grand compte, c'est de s'assurer un bon tirage et une destruction complète de tous les produits secondaires de combustion, lesquels, on le sait, sont particulièrement toxiques.

L'aération permanente de jour et de nuit délivre du cauchemar de l'intoxication par suite de défectuosités dans le système de chauffage.

L'usage se répand de plus en plus, surtout dans les régions froides où l'hiver est particulièrement rigoureux, des foyers à feu continu. Ils ont l'avantage de procurer une sensation de bien-être et de confort à la personne qui rentre chez elle fatiguée et frissonnante.

Ces appareils coûtent cher si on les veut exempts de défauts.

D'un emploi agréable, ils sont par contre souvent dangereux, en raison du refoulement possible des gaz à l'intérieur de la pièce, lorsque le tirage n'est pas *absolument parfait*, accident d'autant plus redoutable que ces gaz ne trahissent leur présence par aucune fumée et souvent par aucune odeur[1].

Les foyers à gaz sont d'un entretien facile et très pratique. Ce mode de chauffage est très hygiénique, quand l'évacuation des produits de combustion est assurée, mais il est relativement coûteux.

Ces divers appareils doivent être absolument proscrits des chambres à coucher qui ne doivent comporter que des installations extrêmement soignées et n'être chauffées d'ailleurs que lorsque la nécessité s'en fait absolument sentir. Mieux vaut s'entraîner progressivement au froid par l'usage des pratiques d'hygiène corporelle dont nous parlerons plus loin.

Le choix des ustensiles de cuisine doit être particulièrement soigné, et guidé surtout d'après le temps dont on dispose pour entretenir sa batterie.

---

1. La fermeture devra être absolument hermétique. On utilisera de préférence les appareils à prise d'air extérieure, cette disposition éliminant le danger du refoulement des gaz.

Il sera bon d'avoir dans la pièce un oiseau qui servira de réactif aux gaz toxiques.

On bannira le fer ou la fonte émaillés qui, pour des personnes qui font une cuisine rapide et à plein feu, sont d'un emploi dangereux à cause des éclats qui en tombent facilement.

Le cuivre et le nickel sont de beaucoup préférables à condition qu'on prenne les précautions de rigueur aussitôt leur emploi, c'est-à-dire qu'on n'y laisse point séjourner d'aliments et qu'on les nettoie aussitôt après leur usage.

L'aluminium, d'entretien facile, est moins coûteux que le cuivre et que le nickel, mais il casse facilement.

Rien ne vaudra jamais les ustensiles de fonte ou de terre, généralement dédaignés, qui sont cependant d'un excellent usage et d'un entretien extrêmement simple. Il sera utile de se déterminer dans le choix de sa batterie par des raisons de *prudence* et *d'hygiène* que la science de l'économie domestique nous apprend à connaître et sur lesquelles je n'ai pas à insister ici.

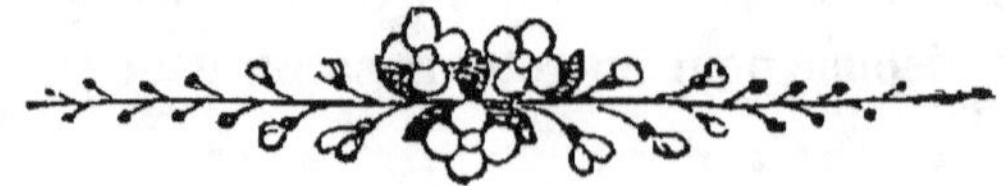

HYGIÈNE INDIVIDUELLE

Il peut sembler inutile — voire blessant — de recommander aux enseignantes qui doivent être des éducatrices au point de vue de l'hygiène — de pratiquer elles-mêmes une hygiène individuelle minutieuse... je ne crois pas cependant qu'il soit inutile d'insister sur ce point.

On fait généralement une toilette complète — ou à peu près — une fois ou deux par semaine au maximum.

Ce n'est point suffisant et les enseignantes doivent savoir que, au point de vue de leur *santé générale* et particulièrement au point de vue de leur *hygiène nerveuse*, la *toilette journalière complète* doit être la *règle* parce qu'elle est l'occasion de pratiques *d'hydrothérapie* très simples, excellentes pour des intellectuelles. Dans les écoles normales, on laisse généralement une demi-heure avant le coucher pour la toilette du soir, une demi-heure le matin pour la toilette du jour.

Ce temps est largement suffisant pour procéder à

une toilette soignée si les élèves maîtresses ne l'emploient pas à d'autres occupations comme cela arrive souvent.

On s'efforce aussi actuellement de procurer aux élèves maîtresses toutes les commodités possibles; les bains-douches commencent à s'installer partout. Mais il ne faut pas qu'ils servent *d'ornements* et *d'objets d'exposition permanente*, il faut qu'on les emploie et qu'on en augmente le nombre là où il est nécessaire de le faire, de façon à permettre aux élèves de prendre un ou deux grands bains par semaine.

Mais un objet dont il faudrait voir généraliser l'emploi pour la toilette est le « tub, » grande cuvette de un mètre au moins de diamètre qui permet de faire des ablutions complètes sans mouiller le parquet et de prendre des lotions calmantes en cas de besoin.

Le prix n'en est pas très élevé. Il varie entre 15 et 20 francs, selon que l'appareil est en zinc ou en toile caoutchoutée pliante.

Cet objet apporté à l'école normale suivrait l'élève maîtresse dans ses diverses résidences, dans ses postes de campagne par exemple où la pratique des grands bains même hebdomadaires étant difficile, les ablutions journalières doivent être plus complètes.

La crainte du froid est souvent la cause du manque d'hygiène dans les internats de toute nature.

Il faut veiller à ce point et chauffer les salles où se fait la toilette, ou procurer de l'eau chaude à discrétion.

Toutes celles qui pratiquent les grandes ablutions journalières savent que cette pratique rend moins frileux et qu'on arrive insensiblement à supporter l'eau froide dans une salle froide sans aucune espèce de répugnance ni de crainte de rhume.

Les ablutions d'eau froide sur la poitrine auxquelles on s'habitue progressivement sont particulièrement toniques et fortifiantes.

De même lorsqu'on rentre chez soi fatiguée, nerveuse, maussade — cela arrive — on trouve un bien-être réel à faire sa toilette avant de souper et à prendre en même temps une douche en pluie fine. Point n'est besoin pour cela d'une installation coûteuse, ni même de collier douche.

M. le Professeur Surmont recommande la pratique suivante : on s'agenouille dans son tub, et on se fait verser sur les épaules le contenu d'un arrosoir d'eau tiède.

Lorsqu'on est seule, on peut se servir d'une grosse éponge à laver les voitures, qu'on exprime sur la nuque.

J'ajoute que cette pratique est peu coûteuse ; on peut fort bien faire chauffer l'eau nécessaire sans supplément de combustible en préparant le repas du soir.

On peut aussi pratiquer ce sport bienfaisant avant

de se coucher, mais deux heures après le repas. On en profite pour changer de linge.

Je dois ici faire une remarque à propos du luxe. On se figure généralement que la chemise de nuit est un vêtement supplémentaire qu'il faut endosser au-dessus de sous-vêtements habituels : chemise, flanelle, tricot. *C'est une grosse erreur d'hygiène.*

Le vêtement du jour n'est pas le vêtement de nuit. Il importe donc de se débarrasser complètement le soir de tout le linge de jour qu'on fera sécher dans les meilleures conditions possibles.

La chemise de nuit sera légère l'été, plus lourde l'hiver, chaude en tout temps pour les personnes qui pratiquent l'aération permanente de jour et de nuit, et qui doivent parer aux inconvénients de l'abaissement de température pendant la nuit.

Ai-je besoin d'ajouter que la pratique en usage parmi certaines élèves d'internat de coucher avec plusieurs des sous-vêtements, voire avec les pantalons et les jupons de dessous, est tout à fait anti-hygiénique.

Nous véhiculons en effet dans nos vêtements toutes sortes de germes malfaisants recueillis dans la rue ou dans l'école. Il est indispensable de nous débarrasser pendant la nuit de la présence de ces germes qui s'attaqueraient plus facilement à l'organisme en l'état de sommeil.

La toilette, pour être complète, ne doit pas se borner au seul lavage du corps à l'extérieur.

Il faut apporter un soin particulier par exemple à la toilette des parties génitales.

On sait combien le bon état du système génital de la femme à d'importance dans sa vie *physique* et même *psychique*. Nous consacrerons du reste un chapitre spécial à cette question pour en montrer toute l'importance et pour montrer comment il est possible, par une bonne hygiène génitale, de se garantir des petites infections en apparence anodines et de se préserver d'une foule d'ennuis, et d'ennuis qui conduisent à des accidents sérieux et graves.

Il importe que les jeunes filles sachent que l'hygiène génitale n'est pas nécessaire seulement aux *époques* ou dans le *mariage* mais qu'elle est nécessaire en *tous temps* pour les jeunes filles et pour les femmes mariées. Nous n'insisterons ici sur ce point que pour marquer le devoir pressant des éducatrices à l'égard *d'elles-mêmes* et à l'égard des élèves qu'elles ont à diriger. L'hygiène génitale est un chapitre obligé de l'enseignement de la puériculture puisque c'est dès la naissance qu'il faut l'appliquer dans l'un et l'autre sexe.

La toilette des mains et des pieds, celle des ongles ne sont pas moins indispensable.

Dans les écoles où l'on est particulièrement en contact avec les enfants, il faut soigner les mains, se les aseptiser par des lavages fréquents faits tout simplement au savon. Cela est tout à fait néces-

saire dans les écoles maternelles où les maîtresses ont à toucher les enfants très fréquemment.

La chevelure doit être l'objet de soins très at-
tentifs surtout chez les maîtresses qui vivent au
milieu d'enfants dont la propreté est parfois dou-
teuse, au milieu des poussières de toutes sortes que
soulèvent les mouvements des enfants autour
d'elles.

Sans parler de la surveillance dont il faut entourer
la chevelure pour la préserver des parasites malfaisants qu'on risque de recueillir à l'école, il faut
soigner le cuir chevelu pour l'empêcher de s'irriter
et de donner des pellicules.

Il importe de se décoiffer le soir et de démêler les
cheveux avec un peigne à dents très espacées de façon à les séparer en mèches très fines, de les aérer
et d'aérer en même temps le cuir chevelu.

Il faut ensuite brosser les cheveux de la racine à
l'extrémité avec une brosse douce en ayant soin de
ne pas irriter le cuir chevelu qui doit être traité à
part et frictionné une ou deux fois par semaine en
dehors des lavages consécutifs au lavage des cheveux eux-mêmes et qui doivent être répétés tous les
quinze jours au plus.

Une friction qui rafraîchit bien le cuir chevelu et
qui le tonifie se fait tout simplement à l'eau de Co-
logne ou à l'eau de lavande. Cette lotion est préférable à toute mixture alcoolisée fournie par le par-

fumeur qui coûte plus cher sans être plus efficace. Elle peut être remplacée par un peu d'alcool bon goût à 60°.

Le genre de coiffure n'est pas indifférent à *l'hygiène;* celui qui permet à l'air de pénétrer plus facilement jusqu'au cuir chevelu est le meilleur et le plus sain.

La mode des faux cheveux et des crêpés qui servent à faire des édifices savants est absolument contraire à l'hygiène. Il est bien regrettable que cette pratique soit aussi répandue même parmi les gens qui devraient savoir combien elle est néfaste au bon entretien de la chevelure.

Ces faux cheveux sont, pour les personnes qui ne prennent pas soin de les nettoyer de temps en temps, de véritables réceptacles à microbes; ensuite ils communiquent à la tête une chaleur mauvaise au cuir chevelu, ce qui précipite la chute des cheveux.

Un cheveu vivant réagit à la malpropreté, il devient sec et cassant, son aspect attire l'attention et permet de lui donner des soins en temps utile. Les faux cheveux ne réagissent, et pour cause, que par leurs effets fâcheux sur les vrais, parce qu'ils peuvent véhiculer toutes sortes de germes malfaisants et infectieux et causer les plus grands ravages sur les cheveux de la personne qui les porte.

J'ajoute que les enseignantes qui veulent bien employer leur temps n'ont généralement pas le loisir de se livrer aux savantes combinaisons auxquelles peuvent s'assujettir les mondaines.

Il y encore fort heureusement assez de coiffures simples et seyantes pour qu'une femme qui a le souci bien légitime d'harmoniser sa coiffure et sa physionomie puisse choisir celle qui lui convient sans rien sacrifier aux lois de l'hygiène.

L'hygiène de la bouche est d'une grand importance chez des personnes qui mangent habituellement trop vite et qui ont besoin d'avoir de bonnes dents pour mastiquer complètement leurs aliments.

Beaucoup de dyspepsies que l'on rencontre chez les personnes de l'enseignement ont pour cause une mauvaise mastication secondaire à un état défectueux du système dentaire.

Il faut peu de temps pour se laver les dents avec une brosse douce et de l'eau bouillie qu'on doit toujours avoir en permanence pour la toilette. Combien peu de personnes cependant pratiquent cette chose si simple.

Il faut se laver les dents après le repas pour les débarrasser des restes d'aliments qui, en se putréfiant, amèneraient la carie rapide des dents et donneraient à l'haleine une odeur fétide. Il faut surtout ne jamais oublier de les laver le soir.

Le budget des enseignantes en général ne s'accommode pas de l'achat des poudres, pâtes ou élixirs dentifrices de grandes marques et fort coûteux.

La poudre de craie aromatisée, avec un peu de poudre d'anis, la poudre de charbon de bois, et surtout un savon dentifrice, et l'eau bouillie les remplacent avantageusement dans l'entretien journalier.

Quelques gouttes d'alcool à 90° dont on usera avec discrétion suppléent toutes les préparations qui sont à base d'alcool.

A défaut même de tout cela un savonnage soigné avec un savon de bonne qualité et un rinçage soigné suffisent au bon entretien des dents (P. Surmont).

En même temps que le lavage de la bouche il faut assurer celui de l'arrière-bouche.

Il n'est pas mauvais de se gargariser chaque jour avec une gorgée d'eau bouillie tiède ou même d'eau salée à 9 pour 100 (soit deux cuillerées à café pour un litre d'eau).

Il faut proscrire les lavages du nez sauf indication particulière du médecin.

Des gargarismes de la gorge et des aspirations d'eau salée très chaude (9 grammes par litre) font avorter souvent un rhume de cerveau. Un peu de vaseline complète le traitement.

Les enseignantes ne doivent pas oublier que le nez et l'arrière-bouche sont les vestibules d'un appareil dont le bon fonctionnement leur est particulièrement nécessaire, je veux parler de l'appareil respiratoire et des organes de phonation.

Elles ne sauraient donc apporter trop d'attention de ce côté.

Ce serait un moyen de se préserver des laryngites et de la tuberculose qui guettent hélas tant d'enseignantes de tous ordres.

HYGIÈNE GÉNITALE

Il semblerait qu'un chapitre ainsi intitulé eut sa place marquée dans un livre d'hygiène purement médicale plutôt que dans un modeste opuscule d'hygiène professorale. Il m'a paru indispensable cependant d'en aborder la rédaction.

Les travaux récents des gynécologues et des médecins en général ont montré en effet la relation étroite qu'il y a entre l'état du système génital des femmes et leur état général ou réciproquement, la répercussion qu'a l'état de leur système génital sur leur état général et en particulier sur leur système nerveux.

Or, il est de toute évidence que l'hygiène génitale est presque toujours sacrifiée. *On n'ose pas en parler;* il subsiste encore chez les éducatrices quelque chose des vieilles coutumes monacales, des vieilles superstitions et réserves d'antan.... Et l'avenir des femmes enseignantes se trouve ainsi compromis faute de comprendre toute l'importance qu'il faudrait attribuer à une éducation qui est aussi nécessaire que l'éducation sexuelle l'est actuellement chez les jeunes gens, puisqu'elle se rapporte aux organes de la génération et que des négligences et l'ignorance peuvent engendrer les pires accidents.

Je ne sais pas pourquoi les professeurs d'écoles normales et d'écoles primaires supérieures, pourquoi les institutrices elles-mêmes n'abordent pas avec leurs élèves, dès que celles-ci sont capables de les entendre, l'examen de ces questions qui sont primordiales dans la vie d'une femme, questions sur lesquelles la famille est muette le plus souvent.

On sait que la formation de la jeune fille se fait selon les races, les tempéraments et quelquefois aussi les circonstances entre douze et vingt ans.

La plupart des jeunes filles qui entrent à l'école normale sont donc déjà pubères, mais elles continuent à se développer pendant plusieurs années encore au point de vue génital et au point de vue général, et l'établissement de nouvelles fonctions nécessite chez elles une santé parfaite. Tout ce qui diminue ou compromet la santé : le surmenage physique ou intellectuel, une alimentation insuffisante, des infractions habituelles aux lois de l'hygiène, une émotion vive, la peur, la crainte, la colère, la vie claustrale de l'internat peut amener des troubles dans les fonctions génitales et particulièrement dans les fonctions menstruelles. Ce sont par exemple l'aménorrhée, suppression momentanée ou définitive des règles, ou bien un flux incomplet de sang ou

encore un écoulement de liquide clair connu sous
le vocable de « pertes blanches. » Souvent secondaires aux altérations de l'état général, les troubles
génitaux exercent sur celui-ci une influence réciproque. Un développement incomplet ou retardé
de l'appareil génital cause sur toutes les fonctions
un retentissement souvent profond, de nature à en-
traver l'évolution normale de l'organisme tant au
point de vue psychique qu'au point de vue physique.

Si j'insiste sur cette description c'est que précisément ces troubles primitifs ou secondaires, par-
tiels ou complets, se produisent fréquemment chez
les élèves de nos écoles normales, ce qui semblerait
indiquer qu'il y a dans leur hygiène générale
quelque chose de défectueux.

Je sais que l'internat est souvent rendu respon-
sable de ces troubles qui surviennent généralement
dès les premiers mois qui suivent l'entrée des élèves
à l'école.

L'internat est un mal nécessaire qu'il faut hélas
subir ; je crois cependant qu'il ne faut pas l'accuser
à tort de tous les méfaits et qu'il faut au point de
vue spécial qui nous occupe attribuer les troubles
qui se produisent, à l'ignorance et à la négligence
des élèves elles-mêmes, aux imprudences qu'elles
commettent autant qu'à l'internat lui-même, le mot
étant pris dans son sens étroit.

Il est donc nécessaire d'attirer sur ce point l'attention des directrices d'internats ; il y a une compta-

bilité spéciale que la lingerie devrait tenir ; encore que cette pratique puisse paraître puérile, elle a une très grosse importance.

Les règles doivent se produire régulièrement quand l'état général est bon ; viennent-elles à disparaître, c'est qu'il y a dans l'état actuel quelque chose de défectueux et il faut y veiller.

Cette surveillance amènera souvent la découverte de choses intéressant de près la vie de la jeune fille ; tantôt on découvrira que c'est à la fatigue qu'elle doit les troubles qu'elle ressent, une surveillance exercée au réfectoire montrera qu'elle ne s'alimente pas suffisamment, un interrogatoire lui fera avouer une imprudence commise : les pieds mis dans l'eau froide pendant les règles par exemple quand on n'y est pas habituée.

Cette disparition des règles ne doit pas être l'objet d'une médication spéciale et il faut proscrire l'emploi de pilules ou de tous autres remèdes qui n'auraient pas été expressément recommandés par le médecin.

A l'état normal les règles doivent être indolores ; les douleurs qu'on rencontre chez beaucoup de jeunes filles sont le fait ou d'une très grande impressionnabilité du système nerveux, ou d'inflammation de l'utérus et des organes annexes.

Dans certains cas ces douleurs s'accompagnent d'hémorragies telles que la jeune fille est obligée de s'aliter. Il est toujours indispensable de consulter le médecin dans ces cas. Un traitement amène généralement une amélioration dans l'état de tous les organes tandis que la chronicité des douleurs en fait une véritable infirmité qui compromet gravement l'avenir de la femme.

On sait que la puberté a une très grosse influence sur le psychisme. L'éveil de l'activité génitale, le développement des organes de la génération, apportent une excitation nouvelle au système nerveux et peuvent occasionner quelques troubles dans son fonctionnement; des sensations nouvelles sont perçues par la jeune fille et des sentiments inconnus apparaissent.

Quand la réflexion n'a pas acquis encore assez de force pour dominer le tumulte des impulsions affectives, on voit apparaître des troubles affectifs; c'est le temps des « amours passionnés et irraisonnés pour les compagnes et pour les professeurs, c'est aussi la période des tendances à la solitude, à la mélancolie, à l'irritabilité, celui des aspirations vagues et confuses, de la sentimentalité exagérée, de l'ambition de se rendre intéressante ou de se faire passer pour originale. »

On retrouve ces caractères chez un certain nombre d'élèves maîtresses dont le psychisme a encore peu évolué à ce point de vue, alors que chez d'autres la fonction de puberté arrive déjà à sa phase de perfectionnement. Chez ces dernières, l'organisme est mieux développé, les caractères sexuels secondaires apparaissent, on trouve une maturité de réflexion, une fermeté de caractère, une affirmation de la personnalité qui marquent vraiment le passage de l'enfance à l'âge adulte.

Il importe donc de veiller à l'école normale primaire sur l'hygiène générale des élèves maîtresses, hygiène qui a son retentissement sur une fonction dont l'action sur la formation de la *mentalité*, de la *sensibilité* et de la *volonté* est aussi importante.

Il faut s'assurer que les règles ne sont ni trop abondantes, ni insuffisantes, qu'elles apparaissent à intervalles réguliers sans déterminer de troubles de santé générale, veiller à ce que la nourriture soit suffisante, et puisse faire les frais de croissance de l'organisme comme du travail imposé, éviter le surmenage physique, la fatigue intellectuelle, assurer une aération permanente et une bonne hygiène des forces physiques par un exercice modéré et régulier, marches, jeux, exiger une propreté rigoureuse de la région vulvaire par un lavage quotidien. Ce lavage doit se faire si possible matin et soir. Il doit être fait au savon de toilette ordinaire et à l'aide d'une main en étoffe ou d'une serviette, jamais à l'aide d'une éponge, objet impossible à nettoyer et dangereux pour cet usage. Main ou serviette doivent être strictement personnelles, cela va sans dire.

Le bidet qui devrait faire partie des objets de toilette de l'élève maîtresse n'est pas indispensable.

En cas de troubles et sur l'indication d'ailleurs du

médecin auquel ils doivent être signalés, donner des bains généraux ou locaux, des douches, des tonifiants, ou tout autre traitement indiqué.

Ce sont là, résumées, les pratiques d'hygiène dont il faut tenir le plus grand compte à l'école normale.

L'hygiène des femmes mariées n'en diffère en rien.

Beaucoup d'enseignantes, comme d'autres femmes ont au moment de la ménopause (retour d'âge) des troubles variés dont le plus fréquent chez les intellectuelles est la neurasthénie.

Quand notre état social accordera de droit aux éducatrices une retraite au bout de vingt-cinq ans de services, toutes les enseignantes pourront arriver au seuil de cette période difficile et faire les frais des troubles qu'elle occasionne sans perdre complètement la santé quand ce n'est pas la vie.

En attendant elles pourront tenir compte des règles suivantes, communes du reste à toutes les femmes, mais qui leur seront particulièrement utiles dans l'état particulier de fatigue où elles se trouvent.

Il faudra surveiller le tube digestif, prendre une alimentation appropriée à l'état actuel — ne pas abuser des jouissances gastronomiques — faire usage de boissons aromatiques abondantes autres que le café et le thé —, combattre soigneusement toute tendance à la constipation. Continuer l'hydrothérapie dont on aura pris l'habitude et soigner particulièrement la peau —, dormir d'une façon suffisante sur un lit pas trop mou. Eviter le froid, surtout le froid humide.

Faire de l'exercice musculaire modéré en plein air, éviter toute fatigue et surtout tout surmenage physique, veiller à l'équilibre de l'état psychique et se créer si possible une vie de bonheur tranquille.

Point de passions, mais de bonnes amitiés de famille ou de société sympathique.

Distractions non fatigantes, lecture, musique, voyage, repos à la campagne, vie au grand air.

La femme qui arrive ainsi à la maturité aura dû faire une éducation de sa volonté qui lui permettra de donner encore l'effort nécessaire à sa santé à l'âge où les forces déclinant déjà, la volonté faiblit et peut fléchir.

Elle devra à son énergie de traverser sans péril une période parfois douloureuse, fertile en ennuis et en troubles physiques et moraux.

Elle arrivera ainsi au seuil de la vieillesse ayant conservé avec une bonne santé la bonne humeur qui fait aimable la vieillesse et légitime le désir de vivre longtemps et de profiter d'une retraite bien gagnée.

HYGIÈNE DU VÊTEMENT

Je n'ai pas l'intention, on le comprendra, de traiter
ici du vêtement comme dans un journal de mode.

J'estime cependant que l'enseignante s'intéresse
à la question au point de vue de l'hygiène.

Le vêtement doit présenter chez elle deux qualités :
il doit, d'abord, ne gêner en rien l'amplitude des
mouvements respiratoires, il doit ensuite mettre
l'enseignante à l'abri des accidents et des inconvénients de toutes sortes résultant du froid ou des
contagions au milieu desquelles elle se trouve.

Le choix des tissus de sous-vêtements n'est pas
indifférent. Le vêtement de flanelle est employé à la
fois dans les régions chaudes et dans les régions
froides, l'usage se répand aujourd'hui des filets à
larges mailles qui sont bien préférables aux tissus
plus serrés parce qu'ils permettent l'aération de la
peau et sont, par conséquent, plus hygiéniques. Quoi-
qu'ils soient d'un prix plus élevé, ces filets sont moins
coûteux parce qu'ils se rétrécissent moins et sont
d'un plus long usage.

Les personnes qui se refroidissent facilement feront bien de porter habituellement ces sous-vêtements qui sont d'excellents absorbants de la sueur et qui, en empêchant l'abaissement de la température du corps, préservent des accidents dus au refroidissement.

Il est nécessaire — qu'on ne l'oublie pas — de changer de flanelle le soir et de faire sécher pour le lendemain la flanelle que l'on a retirée.

Les avis sont partagés au sujet du tissu qui doit servir à confectionner les chemises.

La toile est très agréable à la peau, mais elle est froide et ne convient guère aux personnes qui transpirent facilement et qui ne mettent pas de flanelle. Elle coûte cher et n'est pas à la portée de toutes les bourses d'enseignantes; les tissus, dits toiles de coton, composés à la fois de fil et de coton, ont les avantages de la toile sans en avoir les inconvénients; ils sont plus chauds, sont très hygiéniques, d'un entretien facile et d'un bon usage.

Les tissus de coton sont aujourd'hui d'un usage extrêmement répandu; ils sont à la portée de tous les budgets. Au point de vue de la peau, ils sont plus chauds, mais aussi plus échauffants que la toile et la toile de coton.

Le choix du tissu des sous-vêtements se référera donc aux exigences de tempéraments et à celles du budget.

La question de mode passera au dernier plan.

Il ne faut pas lui subordonner d'autres exigences plus impérieuses, et le linge simple et de bon goût constitue pour l'enseignante un trousseau qui convient à sa situation et à son budget.

Il faut examiner la question du corset.

Elle est d'une très grosse importance chez les enseignantes à cause du rôle que joue ce vêtement dans la respiration, cette fonction étant d'une importance capitale dans les fonctions de phonation elles-mêmes.

Faut-il ou ne faut-il pas porter de corset? Ceci est affaire de convenance individuelle; le corset n'est pas absolument indispensable à la femme, il est cependant utile que celle-ci ait un vêtement de soutien pour les jupons et de tout temps ce vêtement a été porté soit sous forme de ceinture, soit sous forme de corselet à bandelettes.

L'abstention du corset présente les mêmes inconvénients si l'on n'a pas la précaution d'éviter de serrer trop les cordons de taille et ceintures de jupons.

La constriction de l'abdomen ainsi produite, outre les troubles fonctionnels importants qu'elle entraîne, détermine les mêmes déformations de l'estomac et du foie.

A défaut de corset, le port d'une ceinture élastique peu serrée, mais suffisante pour maintenir la taille est désirable.

Si l'on porte un corset, il devient intéressant de

savoir quelles conditions il doit remplir pour être hygiénique.

Le point essentiel et primordial est qu'il ne comprime pas le thorax, qu'il laisse entièrement libre le jeu de la poitrine et des mouvements respiratoires. Il ne faut pas non plus qu'il comprime le ventre.

S'il enserre la taille et s'il refoule les viscères abdominaux vers le bas du ventre, il est une cause de désordre en abaissant le foie et l'estomac et en gênant l'évacuation de ce dernier organe après les repas.

Un très grand nombre d'accidents que l'on rencontre chez les femmes sont dus à ce refoulement des organes par le corset.

Il n'est d'un usage normal que sur l'indication du médecin, quand il est nécessaire justement de remonter des organes descendus par suite d'accidents ou de fatigue dus à l'âge. *Le meilleur corset est celui qui maintient les organes à leur place naturelle, tout en laissant libre leur fonctionnement.*

Chacune devrait se guider dans le choix de la forme du corset, non pas sur la mode courante, surtout quand elle n'est pas orientée par les avis éclairés des médecins, des anatomistes et des physiologistes, mais sur ses *convenances personnelles*, et d'après les conseils de son médecin habituel, lequel pourra donner, en connaissance de cause, des avis judi-

cieux sur l'opportunité de modifications justifiées
d'ailleurs par les considérations médicales.

Il faut se réjouir pour les enseignantes en particulier que la mode soit aujourd'hui aux robes non
traînantes. Il est nécessaire que des femmes qui évo-
luent au milieu d'un très grand nombre d'êtres vi-
vants le fassent avec le minimum de dangers ; le fait
de ne pas ramasser avec sa traîne les poussières de
toutes sortes est une chance pour l'enseignante de ne
pas emporter chez elle des éléments dangereux pour
sa santé.

Le port à l'intérieur de l'école d'une grande blouse
de coton est à recommander, surtout si l'on se
trouve avec de tout jeunes enfants.

Le choix de la chaussure est très important chez
des personnes qui restent debout une très grande
partie de la journée.

Il y a avantage à avoir des chaussures qui moulent
bien le pied sans le comprimer et qui permettent le
libre jeu de toutes les articulations. Il est préférable
de porter le talon plat dit « anglais » au moins pour
la chaussure de fatigue journalière.

Voilà résumées les conditions auxquelles doit
répondre le vêtement pour être hygiénique.

Nous ne pouvons évidemment entrer ici dans le
détail de confection des vêtements qui seront toujours soumis à des exigences extra hygiéniques.

Nous rappellerons en dernier lieu qu'il ne faut pas
trop se couvrir et que les vêtements légers mais

chauds et amples sont préférables à la superposition de plusieurs vêtements qui, gênante pour les mouvements, est d'un port fatigant, et entretient une chaleur mauvaise en empêchant l'air de les pénétrer.

HYGIÈNE ALIMENTAIRE

L'hygiène alimentaire des enseignantes est en
général fort défectueuse et celles-ci la considèrent
comme tout à fait secondaire aux autres occupations.

Les institutrices qui habitent des communes éloignées des gros centres se ravitaillent difficilement;
parfois les ressources locales manquent, d'autres fois
la malveillance crée une espèce de famine pour l'institutrice laïque dont le menu est déjà si restreint,
d'autres fois encore, et ce sont les plus nombreuses,
l'institutrice néglige volontairement son alimentation sous prétexte qu'elle a peu de temps à consacrer à la préparation de ses repas, ou bien parce
qu'elle doit réserver une grosse part de ses maigres
ressources à d'autres dépenses plus urgentes, lui
semble-t-il, que le soin de sa santé; telles l'aide à la
famille, les frais de toilette, la nécessité (ou ce qu'elle
croit être une nécessité) de faire figure..., etc.

Enfin la variété faisant défaut dans son alimentation, l'inappétence survient rapidement et avec

elle le cortège obligé des *troubles de la nutrition* et toutes les manifestations morbides de *l'inanition progressive*.

On sait en effet que beaucoup de neurasthéniés et de psychonévroses n'ont pas d'autre point de départ qu'une alimentation défectueuse, suivie de cette *inanition progressive*.

D'autre part, le manque de variété conduit à l'emploi exclusif de certaines catégories d'aliments toujours les mêmes, par exemple à l'emploi du régime carné ou du régime végétarien à l'exclusion du régime mixte qui est le régime normal.

Il résulte de cette façon de faire des troubles dans la nutrition, l'arthritisme par exemple qui sévit particulièrement chez les sédentaires et chez les intellectuels, lesquels n'assimilent pas toute l'albumine ingérée sous forme de viande, de poissons ou d'œufs, s'intoxiquent de tous les déchets de combustion et dont les organes de dépuration ou d'élaboration : foie, reins, etc., se fatiguent rapidement.

Si l'on ajoute à ces fautes de régime, des habitudes d'hygiène déplorable : le repas préparé à la hâte et insuffisant, expédié en un quart d'heure ou en moins de temps encore, avalé à grands coups de boisson : eau, bière ou vin ou cidre, et, pour compléter le tableau, accompagné de lecture, on ne s'étonnera plus que la dyspepsie soit une maladie courante chez les enseignantes.

Et ce repas, surtout celui de midi, est suivi de la

reprise du travail sans qu'on ait fait seulement la promenade hygiénique qui viendrait pallier les effets désastreux d'un tel manque d'hygiène.

Or, que l'institutrice ou le professeur se marie ou reste célibataire, elle n'a pas le droit de se désintéresser de cette question, grosse de conséquences pour elle et pour les siens.

Si elle se marie et qu'elle transporte dans son ménage de telles habitudes, il est à craindre que sa paix et son bonheur en souffrent bientôt, car les hommes ont encore là-dessus, heureusement, des idées très arrêtées et fort raisonnables du reste. On les accuse parfois bien à tort d'être gourmands alors qu'ils ne font que réclamer une alimentation saine, suffisante et variée.

J'oserais à peine rapporter ici la composition des régimes d'un certain nombre d'institutrices — de jeunes institutrices surtout — qui m'ont été fournis soit par elles-mêmes, soit par leurs directrices.

Ils sont suggestifs et montrent combien il est nécessaire de travailler sur ce point à l'éducation des futures enseignantes.

Matin : Déjeuner. Un peu de café ou de lait sans pain (prétexte : on n'a pas faim le matin).

Midi : un peu de charcuterie (jambon, saucisson, pâté, etc.). Pain sans beurre.

Pas de légumes, pas de potage.

Boisson unique : eau.

Souper : un œuf, pas de légumes, pain, beurre.

En voici un second un peu moins sommaire encore que très insuffisant :

Matin : un bol de lait. Pain, beurre.

Midi : deux œufs sans légumes. Pain, beurre, bière.

Soir : Un œuf sans légumes, une tasse de café au lait. Pain, beurre.

Dans presque tous les régimes qu'on m'a signalés manquent les légumes. On prétexte qu'il faut trop de temps pour les cuire. Ce n'est qu'un prétexte, attendu que l'on peut fort bien, tout en surveillant la cuisson des légumes, vaquer à d'autres menues occupations pour ne pas perdre son temps, puisque c'est toujours cette éternelle question qui est remise en jeu. On peut mieux encore cuire les légumes sans frais appréciables dans les marmites à vapeur où on peut les abandonner des heures sans crainte de les voir brûler, ce qui permet par exemple de les préparer à 7 heures du matin pour les retrouver cuits à midi. L'usage très large des fruits peut aussi, jusqu'à un certain point, suppléer au rationnement en légumes.

Pour toutes sortes de raisons, il serait désirable que les institutrices adjointes prissent leur pension chez leur directrice, surtout si celle-ci est célibataire.

Quand elle est mariée, il vaut mieux, à mon sens, qu'elle reste en famille quoique la présence à sa table d'une personne étrangère puisse être, dans certains cas, un entraînement à soigner son menu et celui des siens.

De plus en plus cependant l'habitude se généralise chez les jeunes institutrices de faire « son ménage », soit que la jeune maîtresse trouve le prix de pension trop onéreux à l'égard de ses modestes ressources, soit qu'elle ait le désir de restreindre ses dépenses alimentaires pour faire des économies, ce qui est d'un mauvais calcul.

Tout se paie et les fautes alimentaires, les négligences volontaires finissent par former un bilan qui se solde par un passif douloureux dans ses conséquences.

Je m'excuse de m'adresser encore et toujours ici aux écoles normales.

Je sais qu'on y a réorganisé l'enseignement ménager d'une façon sérieuse et que les jeunes maîtresses y sont habituées à tour de rôle à préparer des menus pour plusieurs de leurs compagnes.

Pourquoi n'essaierait-on pas de généraliser le système des petites tables.

La cuisine faite en trop grande quantité n'est pas assez soignée. Je voudrais à ce sujet que les directrices d'écoles normales allassent s'asseoir de temps en temps à la table des élèves maîtresses pour se rendre compte elles-mêmes de la façon dont les mets sont préparés et présentés, ce qui a aussi son importance.

Il ne faut pas que des plats entiers retournent à la cuisine sous prétexte qu'ils sont immangeables. Il faut se rendre compte de la réalité des faits et faire le départ entre ce qu'il y a de légitime parfois dans l'accueil que font les élèves aux plats qui leur sont présentés et l'esprit de révolte qui peut momentanément agiter les jeunes esprits.

Il reste qu'il est essentiel d'apprendre aux élèves maîtresses à combiner leurs menus de façon qu'elles transportent plus tard dans la vie les bonnes habitudes qu'elles auront prises à l'école normale.

Puisque nous sommes sur la question des habitudes, il faudrait en signaler une fâcheuse qu'il est nécessaire de combattre chez les élèves maîtresses : c'est celle de manger continuellement des sucreries ou autres friandises, entre les repas.

Autrefois l'entrée de ces suppléments était formellement interdite à l'école normale et les « anciennes » racontent avec humour de quel luxe de précautions il fallait entourer l'entrée prohibée des petits adoucissements apportés à la vie d'internat.

Certes, je ne saurais déplorer que le régime soit devenu moins sévère si cela n'avait, dans certains cas, des conséquences déplorables, fâcheuses. Le mal sévit particulièrement dans les écoles normales de filles où ces friandises sont consommées soit entre les repas, soit aux lieu et place des repas eux-mêmes quand le menu ne plaît pas.

L'achat de ces friandises constitue pour les familles une dépense parfois lourde à l'égard des ressources ; il constitue pour les élèves elles-mêmes une mauvaise habitude ; on sait combien l'exemple est suggestif et l'entraînement à l'excès chose facile dans les groupements d'individus et combien aussi les habitudes prises restent ensuite tyranniques.

Ce n'est pas que je veuille proscrire les friandises, plats sucrés, chocolats qui constituent un excellent aliment lorsqu'ils sont pris modérément.

Ce qu'il faut empêcher c'est qu'ils *remplacent l'alimentation saine et abondante* qui convient à ces jeunes filles en pleine période de formation, et qui doit leur suffire en tant que ration d'entretien et ration de croissance sans qu'elles soient obligées de demander à une nourriture supplémentaire un complément quelconque.

Voici au reste quelques indications pratiques que nous avons puisées dans les leçons de M. le professeur Surmont au sujet de la ration minima d'entretien nécessaire à des adultes et par conséquent aux jeunes filles et aux enseignantes en général.

Quantités d'aliments

qui doivent entrer dans la composition du régime pour former une ration normale d'adulte.

PETIT DÉJEUNER. — **Lait,** 200 grammes (c'est-à-dire un bol, soit sucré, soit additionné d'infusion de café noir, ou de chocolat léger), **pain,** 75 grammes (une tranche). Beurre, 25 grammes.

REPAS DU MIDI. — Un potage, un plat de viande, un légume, un dessert. Pain 70 grammes. — Beurre 25 grammes.

Viande.		Légumes.	
Bœuf roti ou grillé	100 gr.	pommes de terre.	200 gr.
ou Mouton . . .	80 gr.	ou lentilles. . .	50 gr.
ou veau	200 gr.	ou fèves	50 gr.
ou rôti de porc .	100 gr.	ou haricots. . .	50 gr.
ou sole	300 gr.	ou châtaignes. .	50 gr.
ou barbue. . .	200 gr.	ou riz.	50 gr.
ou turbot . . .	200 gr.	ou macaroni.. .	60 gr.
ou rouget . . .	300 gr.	ou nouilles. . .	50 gr.
ou cabillaud. .	300 gr.	pain.	70 gr.
ou bar	300 gr.	bœurre	25 gr.
ou merlan. . .	300 gr.		

(Viande : *pesé cuit* pour les quatre premières, *pesés crus* pour les suivantes ; Légumes : *pesés crus*.)

DESSERTS Entremets, riz, semoule, gâteaux secs
(50 gr.), fruits frais (100 gr.), fruits secs (50 gr.). — **Vin,**
1/4 de litre.

REPAS DU SOIR. — **2 Œufs,** ou viande choisie dans
la table de midi. Légumes, pain, dessert, boisson comme
à midi.

Il n'est pas prudent, quand on a des fonctions
absorbantes et fatigantes comme celles de l'enseignement, de descendre au-dessous de ces quantités:

On remarquera que nous n'avons pas prévu dans
notre liste d'aliments les hors-d'œuvre ; du reste
certains budgets ne s'accommoderaient pas facilement de l'habitude des hors-d'œuvre, qui coûtent
cher. Il vaut mieux à notre sens insister sur les
entremets sucrés et les *desserts* qui constituent
une très grosse ressource alimentaire malgré leur
prix minime.

Les entremets comprennent particulièrement les
gâteaux préparés avec toutes les farines : crêpes,

gâteaux confectionnés avec du lait, du sucre, de la farine, parfois du beurre. Les livres de cuisine donnent de ces recettes de nombreux exemples, car la pratique de ces entremets s'est fort généralisée dans ces dernières années.

On peut assaisonner ces gâteaux avec des confitures et des compotes de fruits.

Les fruits sont en toute saison excellents pour la santé en général, et leur emploi favorable à l'hygiène de l'intestin en particulier.

On peut les manger au début, ou à la fin du repas si l'on veut, selon qu'on a remarqué les digérer mieux à un moment qu'à l'autre.

La boisson la plus favorable aux intellectuelles est l'eau pure, quand elle est de bonne qualité. Ce n'est qu'à son défaut qu'on doit utiliser de l'eau bouillie ou une eau minérale indifférente telle que Contréxeville, Évian, Martigny, Vittel. L'eau filtrée n'est recommandable que pour ceux qui prennent la précaution d'entretenir eux-mêmes leurs filtres selon les indications particulières à chaque genre d'appareil.

Il faut faire remarquer qu'il est dangereux de se servir d'eaux minérales ayant une indication particulière sans l'avis du médecin. Certaines enseignantes font usage par exemple d'eaux de Vichy ou d'autres sources sous prétexte qu'elles digèrent mal : elles s'exposent à des accidents bénins tout d'abord mais qui peuvent devenir plus graves. On a vu des

congestions du foie se déclarer après un usage intem-
pestif d'eau de Vichy. Il est nécessaire d'être pru-
dente sur ce point.

Les abstinentes (celles qui ne boivent que de
l'eau) auront intérêt de temps en temps à prendre une
décoction de céréales (une cuillerée de riz, une d'orge,
une d'avoine, une de froment). Faire bouillir dans
deux litres d'eau et laisser réduire de moitié. Sucrer
à volonté.

Un défaut général chez les gens d'enseignement
est comme je l'ai dit de *manger vite* et *d'avaler* à
grands coups de boisson les morceaux d'aliments
insuffisamment mastiqués. Une excellente habitude
à prendre est de ne boire qu'à la fin du repas ce qui
force à mieux mâcher.

Les *abstinents ressentent* de temps en temps un
peu de dépression et de fatigue que ressentent
aussi nettement les gens qui font usage de vins
et d'autres boissons excitantes, quoique cette fatigue
soit chez ces derniers masquée par l'excitation
factice que procure une boisson alcoolisée. Elles
feront bien de prendre en cas de dépression et
de temps en temps un verre de vin qui leur sera
très tonique.

L'usage des boissons aromatiques est excellent pour
les intellectuels surtout quand on les prend *légères,
bien chaudes*, et en *quantité modérée.*

Elles *facilitent la digestion* et *excitent légèrement*
le *système nerveux.*

Il faut s'élever par contre contre la consommation effrénée que font de ces boissons certaines enseignantes sous prétexte de lutter les soirs de veilles contre le sommeil.

L'excès de ces boissons entre autres du café et du thé peut amener des troubles nerveux qui se manifestent parfois par leur retentissement sur le cœur, ou sur le foie, ou sur les reins.

Nous ne pouvons entrer ici dans le détail technique de la préparation des aliments, ceci n'est pas un livre de cuisine.

Nous insisterons néanmoins sur quelques considérations qui ont leur importance au point de vue de l'hygiène alimentaire chez les enseignantes.

Le *choix des aliments, leur mode de préparation, leur assaisonnement* rentrent dans l'ordre de nos préoccupations.

Que doivent rechercher les enseignantes au point de vue alimentaire? Une alimentation rationnelle, facilement digestible, comme il convient à des sédentaires, et capable de leur permettre de faire les frais des dépenses physiques et surtout intellectuelles que leur impose leur profession.

Je leur conseillerai donc de supprimer de leur alimentation, mais d'une façon radicale, ou de ne les employer que très rarement, tous les aliments notoirement reconnus pour être de digestion pénible même pour les estomacs robustes.

Tels les charcuteries, pâtés, saucissons, andouilles,

sauf le jambon cuit qui est un excellent aliment.

Telles aussi les conserves de poissons, sardines, thon, filets de harengs.

Telles enfin les viandes faisandées qui sont très toxiques, surtout quand elles proviennent d'animaux déjà vieux.

Elles se rangeront de préférence au choix des viandes rouges ou blanches alternées, en retenant que les viandes rouges sont plus excitantes que les viandes blanches, et qu'elles peuvent réveiller l'appétit.

Dans cet ordre d'idées elles pourront choisir entre les viandes suivantes : bœuf rôti ou grillé, mouton rôti ou grillé, veau, poulet et autres volailles rôties ou grillées.

Jambon et rôti de porc froids.

Parmi les poissons, elles donneront la préférence aux poissons bouillis sur les poissons frits, sole, barbue, turbot, rouget, cabillaud, bar bouillis, et assaisonnés de diverses sauces douces comme la sauce blanche aux champignons, ou légèrement piquantes comme les sauces à la moutarde, au vinaigre, aux cornichons, aux tomates, au citron.

Comme poissons frits la sole et le merlan.

Le *choix des légumes* est extrêmement important surtout pour les enseignantes qui, éloignées des centres où l'on peut se procurer de la viande tous les jours, sont obligées de leur demander une grosse partie de leurs ressources alimentaires.

Cependant il est un fait presque constant, c'est que la plupart des enseignantes mangent peu de légumes.

La préparation de ces derniers leur paraît trop longue et à part les pommes de terre frites qui sont le type du légume qu'on mange chez nous dans les repas rapides, les légumes autres que les pommes de terre n'apparaissent que rarement sur les tables des institutrices et des professeurs.

La plupart d'entre elles ont cependant appris par la composition du régime à l'école normale la valeur nutritive de certains aliments réputés grossiers commes les fèves, les lentilles, les pois secs, les haricots qui sont extrêmement nourrissants, qu'on se procure toujours très facilement, car l'industrie qui s'occupe de leur conserver leur valeur s'est fort développée depuis quelques années et les épiceries ambulantes, les coopératives de toutes sortes les envoient maintenant dans les centres les plus reculés.

De même les pâtes alimentaires, nouilles, macaroni, le riz, constituent un excellent aliment très nourrissant surtout lorsqu'ils sont assaisonnés avec du beurre ou du fromage.

Quelque usage qu'on fasse des *légumes secs* ou des *pâtes*, ils ne peuvent constituer à eux seuls toute la liste des légumes à consommer. Je dirai même qu'ils doivent être surtout considérés comme des aliments de réserve qu'on emploiera toutes les fois qu'on se trouvera privé des légumes verts dont il faut user très largement, ou qu'on voudra varier la nourriture ou lui demander au point de vue de la nutrition un rendement plus grand.

Les légumes verts ont, au point de vue de la minéralisation de l'économie et au point de vue de l'hygiène intestinale, une très grosse importance.

Ce sont eux qui contiennent la plus grande partie des sels divers nécessaires à l'économie, eux aussi qui, par les déchets inassimilables qu'ils laissent dans l'intestin, aident à la formation du bol fécal, entraînent avec eux les autres résidus qui doivent être expulsés. C'est là ce qui explique l'action « rafraîchissante » et dépurative qu'on leur attribue avec beaucoup de raison du reste.

Parmi ces légumes verts il en est qui sont particulièrement nourrissants par les graisses qu'ils contiennent quoique dédaignés à cause de leur indigestibilité : ce sont les choux de toutes espèces. Il y a aura intérêt lorsqu'on voudra les rendre plus digestibles à les faire passer dans plusieurs eaux avant de les assaisonner avec le beurre ou les sauces. Le beurre frais est préférable aux sauces les plus variées quand on digère difficilement les graisses. M. le professeur Surmont recommande aussi la crème fraîche quand on peut se la procurer ; elle donne aux aliments un goût particulièrement délicat.

En général il faut cuire les légumes dans leur jus,

ce qui permet de leur conserver toute leur saveur, toute leur valeur minéralisatrice, ce qui empêche aussi d'abuser du sel et des autres condiments; et l'on sait que chez les intellectuels l'abus de ces choses est assez fréquent.

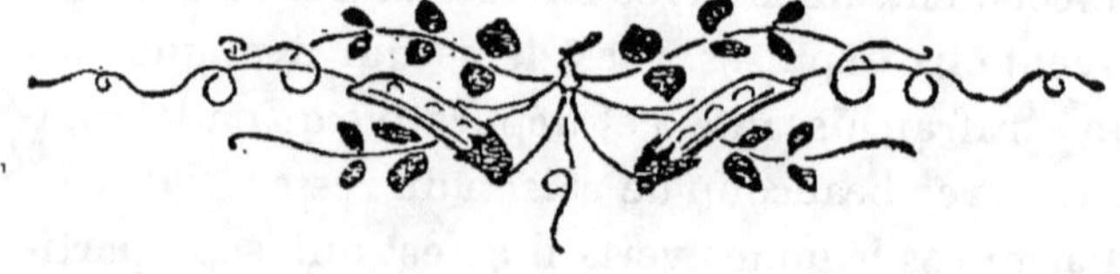

TROUBLES DANS LA DIGESTION
ET DANS LA NUTRITION

Les troubles dans la digestion et dans la nutrition sont très fréquents chez les enseignantes. Ils tiennent à différentes causes qu'un examen attentif des conditions d'existence des intéressées peut ramener à quelques-unes seulement.

J'examinerai d'abord les troubles dans la digestion.

Je n'étonnerai personne en disant que les dyspepsies de toutes sortes, gastriques, intestinales ou gastro-intestinales sont fréquentes chez les enseignantes surtout lorsque celles-ci arrivent vers la trentième année après s'être consciencieusement détraquées pendant leurs premières années d'enseignement, quelquefois même dès leur séjour à l'école normale.

On classe ces *dyspepsies* suivant les troubles que l'on ressent, soit sous le nom de « *paresse d'estomac* » quand on ressent des troubles immédiats après les repas, pesanteurs, gênes, etc., soit d'irritation quand on éprouve des sensations d'aigreurs ou de douleurs avant et après les repas.

Je n'ai pas l'intention de donner ici des règles précises pour la guérison de ces troubles. Un estomac malade n'est déjà plus du ressort de l'*hygiène simple*, bien que la plupart des *prescriptions médicales* bien comprises soient souvent des applications pures et simples de l'hygiène alimentaire.

J'indiquerai donc seulement et les *causes* qui, à mon sens, déterminent chez les enseignantes les troubles dont je parle et les *moyens* de s'en préserver par une observance très rigoureuse des règles de l'hygiène.

L'insuffisance ou l'exagération de l'alimentation, le *mauvais choix des aliments*, la *prédominance d'un régime quelconque* sur le régime mixte qui est le seul normal, sauf bien entendu dans le cas où il y a une indication particulière à agir autrement — et c'est alors au médecin d'en décider — le *défaut de préparation* soignée des aliments, leur *cuisson insuffisante*, la *hâte* avec laquelle on prend ses repas, *l'habitude de lire* pendant les repas, le *défaut de mastication, l'excès de boisson*, et par-dessus tout la *reprise du travail cérébral* avant que le travail de digestion soit au moins amorcé, voilà à notre sens les causes les plus fréquentes des troubles de l'estomac chez les enseignantes.

Le remède est facile à trouver ou du moins à

essayer avant toute intervention médicale ; il consiste dans un *examen attentif de ce que l'on fait, dans une comparaison sincère de ce que l'on fait avec ce que l'on devrait faire, enfin dans la nécessité de prendre les déterminations indispensables pour lutter contre un mauvais état de choses et la persévérance nécessaire pour triompher des négligences, des défaillances* qui viennent surprendre les plus énergiques d'entre nous.

J'insisterai donc auprès des enseignantes pour qu'elles fassent un choix judicieux des aliments qui doivent entrer dans leur régime.

Un principe dont il ne faut pas s'écarter est celui-ci : *chacune doit trouver dans son expérience*, et dans une observation attentive de sa propre existence l'expression de ce qui lui convient le mieux dans la liste des aliments qui s'offrent à son choix ; en d'autres termes elle doit opérer elle-même la sélection des aliments qui lui conviennent, en ayant soin bien entendu d'examiner ce qui, dans l'apathie, voire dans le dégoût qu'elle éprouve à l'égard de tels ou tels aliments, est du ressort *organique* ou du ressort *psychique*. Je m'explique : il est des aliments qui sont excellents, qui constitueraient par leur valeur nutritive et leur prix relativement peu élevé une excellente ressource pour la constitution de notre régime, pourtant nous évitons d'y avoir recours. Est-ce parce que nous les trouvons indigestes ? Alors notre prévention suffit à les écarter, avec raison.

Est-ce simplement parce que nous avons l' « idée »
qu'ils ne nous conviennent pas et que nous les écar-
tons par caprice simplement? Il faut vaincre cette
répugnance à leur égard. Tout est question *de volonté*
dans l'hygiène alimentaire comme en toutes choses,
et sauf indication sérieuse, nous ne devons écarter
de notre régime que les aliments que nous savons
notoirement être indigestes.

Il ne faut pas d'autre part se fier absolument aux
apparences : on voit telles jeunes institutrices consommer journellement des aliments indigestes qui
ne nécessitent aucune préparation, charcuterie et
autres, sans en paraître incommodées autrement, ce
qui leur fait dire qu'elles *digèrent bien*. Puis un beau
jour la dyspepsie s'installe et fait durement expier
les fautes alimentaires commises.

Il en est de même de la *quantité d'aliments* consommés. Quand on se fait donner par des enseignantes la composition de leur régime et les quantités
d'aliments qui entrent dans la composition de celui-
ci, on est étonné de leur insuffisance notoire au point
de vue quantité.

Nous avons donné d'autre part une table à laquelle
nos lectrices feront bien de se reporter à titre d'indication générale. Elles contrôleront de temps en
temps, par la balance, la façon dont elles s'alimentent
et dont elles profitent de cette alimentation et le
moindre écart de poids sera pour elles une indication
qu'il y a des troubles dans leur nutrition et qu'il faut

y remédier sous peine de se trouver. dans de mauvaises conditions pour faire face aux besoins de l'organisme.

Les gros appétits n'existent guère parmi nous et il suffira aux bonnes fourchettes de se contenir dans les sages limites que nous leur avons indiquées pour éviter de se *surmener*.

Un certain nombre d'enseignantes, surtout des classes supérieures de l'enseignement, se mettent spontanément au régime et sans aucune autre indication que le désir de suivre élégamment la mode, ou d'obéir à ce qu'elles croient être une nécessité de leur organisme.

Je ne veux pas discuter ici des régimes dont il faut parfois user nécessairement. Je voudrais seulement souligner l'inconvénient qu'il y a à se soumettre à ces régimes, quels qu'ils soient, du reste, et par pur snobisme quand il n'y a pas d'indication sérieuse à le faire.

Un grand nombre d'enseignantes se trouvent bien du régime exclusivement végétarien, ou bien de l'emploi exclusif de certains légumes à l'exclusion de tous autres. Je ne discuterai pas leurs raisons qui se défendent par des considérations évidemment très sérieuses. Je maintiendrai néanmoins la supériorité pour les enseignantes d'un régime mixte, avec une ration d'albumine raisonnable, régime qui, selon les besoins des organismes auxquels il est destiné, peut du reste être largement mitigé par l'emploi des régimes végétariens, ovo-végétariens et fruitariens.

Tout cela est affaire d'expérience et surtout de raison. L'essentiel est que chacune ne se laisse déterminer que par des raisons « raisonnables », si je puis m'exprimer ainsi et non par des considérations de mode ou *d'influences étrangères à l'intérêt de l'organisme lui-même.*

Je n'ai pas besoin d'insister sur les inconvénients résultant du défaut de préparation des aliments.

Des aliments soumis à une cuisson qui leur conserve toutes leurs propriétés nutritives, préparés aussi de façon à être mangés avec appétit, et pris dans les meilleures conditions pour être bien digérés, voilà ce qu'il faut chercher.

Les enseignantes doivent essayer de devenir de bons cordons bleus, dans leur intérêt, dans l'intérêt de la famille qu'elles peuvent créer.

S'il est vrai que c'est en forgeant qu'on devient forgeron, c'est par une pratique journalière de la cuisine, qu'elles s'efforceront de ne pas préparer aussi sommairement qu'elles ont l'habitude de le faire, que les enseignantes de tous ordres apprendront à confectionner cette bonne cuisine appétissante qui fait la réputation de notre pays et qu'elles pourront éventuellement apprendre aux domestiques qu'elles auront à diriger si leurs ressources le leur permettent.

Je n'aurais plus qu'à leur demander de *proscrire toute lecture* pendant le repas, même lorsqu'elles prennent celui-ci seules. Si facile que soit une lecture, elle nécessite un certain effort d'attention incompatible avec l'effort à fournir dans le travail de mastication.

Enfin je ne saurais trop les engager à prendre un *moment de repos* avant de reprendre tout travail intellectuel ou de faire une *promenade* de quelques minutes avant de se rendre en classe.

Telles sont, au point de vue de l'hygiène stomacale, les prescriptions à observer pour éviter les troubles que j'ai signalés.

Au point de vue de l'intestin, car il ne faut pas séparer des troubles dyspeptiques gastriques les troubles dyspeptiques intestinaux, on peut aussi ramener à quelques-unes seulement les causes de ces troubles. Le plus fréquent d'entre eux est la *constipation*.

Sur une centaine d'enseignantes on en rencontre quatre-vingt au moins qui accusent de ce côté des troubles plus ou moins marqués. Les unes disent n'aller à la garde-robe que tous les deux jours ce qui est déjà insuffisant, chez d'autres les évacuations ne se font que tous les trois, quatre, voir tous les cinq ou six jours.

Cela est absolument anormal et il faut savoir que la plupart des maladies de femmes peuvent être aujourd'hui imputées à cette hygiène défectueuse de l'intestin.

La *constipation* chez les enseignantes est amenée

par un manque d'habitudes d'hygiène contre lequel on ne saurait trop s'élever.

Dans notre monde on est d'ordinaire très pressé : on se présente à la garde robe le matin avant le départ pour l'école, on n'a pas la patience d'attendre le résultat de l'essai; on court, la journée se passe sans qu'on *ait* le *temps*, ou sans qu'on *veuille* prendre le temps nécessaire pour accomplir cet acte physiologique, l'un des plus importants. Un jour se passe, puis deux, les difficultés de l'évacuation augmentent.

Alors on a recours aux laxatifs.

Il n'est pas une élève maîtresse d'école normale, il n'est pas une enseignante de quelque ordre qu'elle soit qui n'ait ses préférences particulières pour telle eau purgative, qui ne préconise l'emploi de l'excellente limonade de Mr X., des pilules ou granules de Mr Y. dont elle a, dit-elle, retiré un grand bénéfice.

Or quel est ce bénéfice, si c'en est un? D'obtenir une évacuation douloureuse, anormale par sa consistance et par sa quantité, et qui est suivie généralement d'une tendance plus opiniâtre encore à la constipation! Je ne vois pas où est l'avantage, mais je vois bien les gros inconvénients d'une telle méthode. Je n'ai point à entrer ici dans des considérations médicales du traitement de la constipation.

Je n'en retiendrai que les conclusions pratiques qui me paraissent directement applicables au traitement de la constipation due au manque d'habitudes hygiéniques.

On évite la constipation en faisant prendre de *bonnes habitudes* à l'intestin, on s'en débarrasse souvent en *rééduquant* cet organe, quand l'arrêt de ses fonctions n'est pas dû à une cause organique mais à un manque d'exercice.

La *défécation* est une fonction physiologique qui doit s'accomplir journellement et régulièrement.

Des aliments que nous absorbons trois fois par jour en moyenne, une partie seulement est assimilable par l'économie, une autre doit être rejetée. Or, beaucoup de personnes oublient que l'intestin n'est pas un réservoir que l'on peut emplir indéfiniment sans en assurer l'évacuation ; on ignore souvent aussi que s'il est troublé dans son fonctionnement, s'il n'évacue pas régulièrement son contenu inutile au dehors, l'estomac son voisin finit par s'en ressentir.

On observe alors des troubles secondaires de l'intestin sur l'estomac, et par répercussion sur l'état général tout entier, en particulier sur le système nerveux.

Le teint jaune, la peau boutonneuse, les congestions de la face (surtout après les repas), les différentes manifestations que l'on observe chez certaines enseignantes, la fétidité de l'haleine, les troubles nerveux, divers vertiges, etc., n'ont souvent d'autre cause qu'un mauvais fonctionnement de l'intestin dont il faut rendre *responsables* celles mêmes qui en souffrent.

Comment donc *éduquer* ou *rééduquer* l'intestin?

A proprement parler, cette éducation devrait commencer dès *la naissance*, et il ne devrait plus être question chez des adultes, et surtout chez des adultes cultivées, de faire une éducation des organes, si nous ne trouvions éternellement remise en jeu la question de négligence et d'ignorance des lois élémentaires de l'hygiène.

En ce qui concerne l'intestin il faudra se présenter à la garde-robe tous les jours, à la même heure (celle où l'on est le moins pressée pour ne pas avoir la tentation de perdre patience) mais de préférence le matin ou le soir, au moment de la toilette. La défécation fait partie des soins de propreté, de même que les injections. User à l'occasion, mais seulement quand cela est nécessaire, d'un petit lavement simple d'un demi-litre au plus d'eau bouillie ou d'une décoction quelconque, graine de lin ou guimauve.

Si la constipation est déjà installée on usera de ce lavement jusqu'à ce qu'on obtienne une évacuation plus facile et spontanée pour ainsi dire mais — il faut bien tenir compte de cette prescription — il faudra abandonner cette pratique le plus tôt possible. A l'état normal, quand l'intestin fonctionne bien, il doit accomplir ses fonctions sans qu'on l'y sollicite par aucune action extérieure. Le temps de rééducation dure plus ou moins longtemps selon que les troubles remontent à une date plus ancienne, selon aussi qu'on est plus persévérant dans son désir d'obtenir des résultats.

Si la constipation est rebelle et résiste à ces modes très simples de traitement, c'est qu'elle est due à des causes plus compliquées, parfois organiques. Il faut alors voir le médecin qui, par des indications de régime ou par une médication appropriée, fera un traitement général ou un traitement local.

Mais ce qu'il faut proscrire avec la dernière énergie, c'est l'emploi habituel et même occasionnel des laxatifs de quelque espèce qu'ils soient ou de quelque renommée qu'on les entoure, laxatifs et purgatifs dont l'efficacité apparente et momentanée constitue un véritable danger par la mauvaise habitude qu'on prend d'y recourir, alors qu'on pourrait obtenir des résultats plus *sérieux*, plus *durables*, par un simple effort de volonté et de persévérance, tel qu'on est en droit d'en attendre de personnes intelligentes et instruites.

A propos de lavements j'ai remarqué que généralement on ne sait pas dans quelle position il faut les prendre pour qu'ils donnent le résultat désiré.

Il vaut mieux les prendre étant couchée sur le côté gauche, le bock placé à une très faible hauteur.

Il en est de même des injections de propreté, qu'il est préférable de prendre sur le bidet, le bock étant également placé à une faible hauteur.

Ces opérations ne doivent pas être pratiquées la

personne étant debout, comme on le croit généralement.

La diarrhée est un trouble de digestion beaucoup
moins fréquent que la constipation chez les enseignantes. Elle est due quelquefois à un retentissement de l'estomac sur l'intestin; on l'observe immé-
diatement après les repas, ou bien elle est d'origine
nerveuse et due alors à une émotivité trop grande.

Il faut veiller à la composition du régime, lutter
s'il est nécessaire contre une trop grande impressionnabilité si fréquente chez les femmes en général,
chez les intellectuelles en particulier, et essayer
surtout de résister aux sollicitations de l'intestin
par la volonté.

Il sera bon toutefois dès qu'on aura essayé de ces
petits moyens, si la diarrhée persiste, de voir le médecin qui donnera des indications sur les *causes* et
les *remèdes* après un examen sérieux, et d'après les
renseignements fournis par les malades sur la fré-
quence des évacuations et sur leur nature.

A côté de ces deux grands troubles de la digestion :
constipation et diarrhée, on en trouve une infinité
d'autres plus ou moins variés, plus ou moins marqués, au sujet desquels chacune devra s'observer
pour découvrir la cause qui résulte souvent d'un
manque de bonnes habitudes.

Ce sont les gênes d'estomac, les pesanteurs, les
lourdeurs, acidités, congestions de la face, parfois
des intoxications partielles et momentanées de la

peau, comme l'urticaire, qui suivent l'ingestion de certains aliments (conserves, charcuterie, viandes faisandées, etc.) coliques, vomissements, etc....

A moins qu'elles ne soient le fait de troubles dyspeptiques connus et vérifiés par le médecin, ces manifestations doivent attirer l'attention sur la façon dont sont observées les prescriptions d'hygiène alimentaire.

Il est impossible qu'un examen attentif ne fasse découvrir généralement la cause de ces troubles momentanés et leur corrélation avec la violation de tout ou partie des règles d'hygiène alimentaire que nous avons signalées.

En tous cas elles doivent attirer l'attention et doivent être l'objet de soins particuliers, si l'on ne veut pas que s'installent des troubles plus graves.

A côté de ces troubles dans la digestion des aliments ingérés, il faut placer les troubles dans la nutrition c'est-à-dire dans la façon dont ils sont assimilés par l'organisme et dont ils servent aux besoins de l'économie.

L'arthritisme est sans contredit celui des troubles de nutrition qu'on rencontre le plus fréquemment chez les enseignantes. On sait combien sont fréquentes chez ces dernières les manifestations les plus simples et les plus fréquentes de ce grand syndrome : migraines, névralgies, poussées de rhumatisme si petites soient-elles, troubles de la vue, ou de l'audition, etc....

Nous sommes comme le sont presque tous les sédentaires des *intoxiquées*.

Notre intoxication nous la devons parfois à la *mauvaise alimentation* qui assure la prédominance du régime carné sur le régime mixte, souvent au manque d'exercice physique qui ne permet pas aux produits toxiques résultant de la combustion de certains aliments dans l'organisme de s'éliminer ou d'être consommés sous forme d'énergie par celui-ci.

Il nous serait facile de réduire cette intoxication et d'échapper aux dangers redoutables de l'arthritisme en observant rigoureusement toutes les prescriptions d'hygiène alimentaire que j'ai signalées comme indispensables, et d'autre part les prescriptions d'hygiène du mouvement dont je parlerai plus loin.

Nous pourrions passer en revue tous les méfaits de *l'arthritisme* sur l'organisme, toutes les maladies qu'il engendre, toutes les souffrances dont il est la cause. Mais nous sortirions du cadre que nous nous sommes tracé, et dont nous nous sommes interdit de dépasser les limites.

Un autre trouble — trouble psychique cette fois — de la nutrition que l'on rencontre chez les enseignantes c'est *l'anorexie nerveuse* ou diminution progressive de la nourriture.

Je l'ai déjà dit, il y a peu de bonnes fourchettes dans notre profession et nous péchons généralement plus par *défaut* que par *excès* en ce qui concerne la

nourriture; nous mangeons *peu* et *mal*, sans *appétit*
souvent. Les mauvaises digestions surviennent rapidement qui amènent avec elles une crainte et parfois
même une véritable phobie de l'aliment. Si bien
qu'on voit des enseignantes réduire leur nourriture
à des quantités extrêmement petites et tout à fait
insuffisantes.

En même temps surviennent des troubles nerveux
qui aggravent l'état des malades jusqu'à la neurasthénie ou la psychasthénie.

Quand on a des troubles digestifs et qu'on com-
mence à réduire son alimentation, on se figure que
cette réduction va amener une disparition des
troubles; loin de là, elle les accroît, car, au fur et à
mesure que la faiblesse de l'organisme augmente, le
système nerveux réagit et multiplie les sensations
désagréables perçues par l'estomac.

Alors surviennent des troubles qu'on trouve chez
les soi-disant surmenées qui ne sont en général que
des « affaiblies », des anémiées, dont l'équilibre organique est rompu; c'est la neurasthénie ou bien
c'est la tuberculose qui vient se greffer sur un terrain
peu résistant par la voie de la laryngite.

Nous renvoyons de nouveau pour le calcul de la
limite de ration normale à la table de M. le professeur Surmont en rappelant qu'il n'est pas prudent
de descendre au-dessous de la limite raisonnable
qu'elle nous donne.

HYGIÈNE DE LA RESPIRATION
LES BAINS D'AIR
LES BAINS DE LUMIÈRE

Nous avons passé successivement en revue les pratiques d'hygiène *corporelle* et *d'hygiène alimentaire* nécessaires aux enseignantes pour le bon entretien de leur santé.

Nous insisterons d'une façon tout à fait particulière sur la nécessité d'avoir de bonnes habitudes *d'hygiène respiratoire*.

On sait en vertu de quelle raison nous le faisons : la plupart des enseignantes qui sont obligées de cesser leurs fonctions, le font à cause du mauvais état de leurs *voies respiratoires*.

La laryngite, la tuberculose pulmonaire fauchent chaque année plusieurs centaines d'entre elles et il faut entreprendre en faveur de *l'hygiène de la respiration* une véritable croisade.

J'ai recommandé la pratique la plus large de l'hydrothérapie, je recommande plus encore la pratique de l'*aérothérapie* si je puis m'exprimer ainsi.

L'air est notre élément naturel, nous sommes des « animaux aériens » avant d'être des animaux aquatiques, ainsi s'exprimait un célèbre médecin, Rikli, dans son livre sur la médecine naturelle.

Plus encore au-dessus de l'air sont la lumière et la chaleur du soleil dont nous devons chercher à profiter dans la plus large mesure possible.

J'ai dit au chapitre de l'habitation tout le bien qu'il fallait dire de l'*aération permanente* de jour et de nuit pour les enseignantes. C'est, je le répète, un des meilleurs moyens de se conserver en bonne santé.

Il va sans dire que la pratique de l'aération permanente doit s'exercer aussi bien à *l'école* qu'à la *maison*. Il y a longtemps qu'on a recommandé aux éducatrices de toutes catégories d'*aérer* et de *ventiler* soigneusement leurs classes dans leur intérêt et dans celui des élèves.

C'est encore bien en vain qu'on le répète tous les jours. Il suffit d'entrer dans des classes pour se convaincre de la nécessité de le répéter encore, de le répéter toujours.

Il n'est pas suffisant de s'assurer de l'*air pur*, il faut savoir en profiter.

Ce n'est pas sans raison qu'on fait pratiquer aux élèves maîtresses des écoles normales des exercices de gymnastique respiratoire. Rien n'est plus nécessaire.

Le phénomène de la respiration joue un rôle très important dans la *phonation*. Bien des laryngites seraient évitées si l'on connaissait bien le mécanisme sur lequel nous reviendrons en temps opportun. On ne sait pas respirer en général.

Il faudrait donc prendre l'habitude de faire des exercices *d'inspiration* et *d'expiration méthodiques*.

On respire par le *nez* et non par la *bouche*, il ne faut pas l'oublier. Une excellente habitude à prendre est donc de faire des inspirations très profondes la bouche fermée, narines largement dilatées quand on a l'occasion de se trouver dehors, le matin, en ouvrant les fenêtres ou en sortant de chez soi, à chacune des récréations en même temps qu'on le fait faire aux élèves.

On peut accompagner cet *exercice très simple de respiration normale, de mouvements appropriés :*

Elever les bras latéralement jusqu'au-dessus de la tête, et les faire redescendre en arrière en élargissant la poitrine ainsi que ce mouvement l'exige. Multiplier les sorties et les exercices respiratoires de ce genre toutes les fois qu'on peut le faire, étant données les exigences de la profession.

Voici au reste une série d'exercices de gymnastique respiratoire proprement dite qu'on pourra pratiquer si on a des loisirs et qui sont d'un genre extrêmement simple.

1° Les mains sur les hanches, les épaules en arrière, inspirer largement l'air par le nez en fermant la bouche, en bombant la poitrine.

2° Les mains jointes derrière la nuque, redresser la tête et allonger le cou pendant l'inspiration et baisser la tête pendant l'expiration.

3° Les mains étant au contact par les pouces, élever les bras au devant du tronc, cette élévation étant accompagnée de l'élévation sur la pointe des pieds et d'une grande inspiration; arrivés sur le prolongement du tronc, les bras se séparent et descendent latéralement dans le plan du corps pendant que se fait l'expiration.

4° Les bras tendus appliqués sur les côtés de la tête, exécuter un mouvement de flexion du tronc qui amène les doigts au contact du sol sans flexion des genoux; se redresser avec la même position des bras. Pratiquer une inspiration pendant l'ascension des bras, une expiration pendant la flexion du tronc, une deuxième inspiration pendant le redressement du tronc, une deuxième expiration pendant la descente des bras.

Je recommande tout spécialement aux institutrices la pratique des bains d'air qui tonifient la peau. L'air exerce, avec la lumière et le soleil son action sur le système nerveux, principe essentiel de notre organisme.

Il peut fortifier la peau, la ramener à ses fonctions naturelles en lui donnant cette élasticité et cette vitalité qu'elle avait à l'état primitif lorsquelle était soumise à l'action directe de l'air, de la lumière et du soleil (temps primitifs).

C'est là l'objectif de la *cure d'air*, *de lumière, de soleil* que nous pouvons pratiquer en petit.

Car je ne vais pas, on l'entend bien, recommander à des personnes qui disposent de peu de temps de pratiquer cette cure, ainsi qu'on la pratique dans les maisons de cure spécialement organisées pour cela.

Je recommanderai néanmoins d'en essayer, si l'on peut, pendant quelques minutes chaque jour, le matin par exemple, pendant la toilette que l'on pourrait s'habituer progressivement à faire en costume plus sommaire.

On usera largement des vacances pour faire des cures de ce genre plus longues, on profitera des heures ensoleillées pour faire la cure de soleil devant sa fenêtre ouverte en costume très léger.

Les partisans du bain d'air préconisent l'absence de costume ce qui est la meilleure façon de prendre son bain dans un appartement où l'on est seule.

On peut aussi le prendre en costume léger avec une chemise assez courte de tissu très poreux.

En dehors de l'*aération permanente*, de l'habitude qu'on prend de *bien respirer*, il faut une pratique raisonnée des bains d'air et de lumière, il faut faire de longues promenades au grand air et se donner de l'exercice.

Les jeux de tennis, les courses à bicyclette, en particulier, qui réalisent le triple avantage du mouvement, de la ventilation des poumons et de la distraction sont excellentes pour l'*hygiène de la respiration.*

C'est peut-être là ce qui manque le plus aux *enseignantes.* Elles consacrent tous leurs jours de congé à des occupations de ménage ou à des travaux intellectuels; elles n'accordent rien à leur santé, elles n'assainissent jamais leurs voies respiratoires. L'institutrice des campagnes s'échappe vers la ville au premier jour de liberté, l'enseignante des villes reste confinée chez elle.

Toutes deux commettent une grosse faute et je n'hésite pas à le leur dire.

HYGIÈNE DE LA VOIX

Il nous semble indispensable de compléter le chapitre qui a trait à *l'hygiène de la respiration*, par quelques considérations sur l'économie d'une fonction qui est pour ainsi dire le pivot des fonctions d'enseignement elles-mêmes.

Les faits démontrent que l'ignorance de *l'hygiène vocale* est la cause du nombre incalculable de laryngites qui viennent troubler la vie professionnelle des enseignantes, les obligent à de nombreuses interruptions de service, et ouvrent la porte à une foule d'accidents dont le plus terrible est la tuberculose.

A vrai dire, et ainsi que le fait remarquer très justement un médecin distingué, M. le Dr Pierre Bonnier, qui s'est spécialisé dans ces questions de voix professionnelles et à qui nous avons emprunté quelques-uns des éléments de cette étude, *si les professeurs de tous ordres ne savent pas conduire leur voix de façon à éviter le surmenage et ses consé-*

quen ces, c'est parce qu'on ne le leur a pas appris.

L'école normale donne parfois un enseignement de la diction, de la déclamation; elle n'apprend pas *l'art de la phonation,* qui ne doit pas être confondu avec ces dernières.

Bien dire, c'est-à-dire *prononcer clairement* et distinctement et suivant les règles de la bonne prononciation, dire avec art, avec expression ce qu'on doit dire, ce sont là des qualités précieuses et agréables sans doute, mais qui sont tout à fait insuffisantes aux enseignants.

Le milieu enseignant, en effet, se compose de deux éléments : l'élément enseignant et l'élément enseigné, à savoir le maître et les élèves.

Il est nécessaire, il est indispensable même que les deux éléments se rejoignent et se pénètrent et se comprennent, si l'on veut que l'œuvre d'éducation réussisse.

Or, il y a généralement une *inintelligibilité radicale* entre le maître et la majorité des élèves, et si l'on faisait une enquête sérieuse dans toutes les écoles à ce sujet, on s'apercevrait que les trois quarts de l'enseignement oral des maîtres sont perdus pour la majorité des enfants.

Cela tient à diverses causes, mais cela tient surtout, nous le croyons avec M. Bonnier, à *l'insuffisance du maître au point de vue phonateur,* et à *l'incapacité auditive d'un très grand nombre d'enfants.*

Un examen des élèves au point de vue auditif serait bien nécessaire dans toutes les écoles, et nous y arriverons un jour ou l'autre. Une meilleure préparation des maîtres au point de vue phonateur permettrait déjà d'atténuer cette déperdition énorme de valeur et de leur éviter les dangers du surmenage.

Nous demandons aux professeurs de sciences d'insister sur ce point spécial à l'occasion de ce qui a trait aux organes phonateurs pour mieux se rendre compte de la technique des émissions de sons.

Nous conseillons aux maîtresses d'étudier avec soin l'anatomie et la physiologie du larynx.

Elles comprendront d'autant mieux ce que nous allons dire à ce sujet.

Pratiquement, qu'est-ce que la voix?

La voix c'est la faculté d'émettre un *son voulu* à une *distance voulue*.

Emettre un son, c'est faire *vibrer* le contenu des cavités pneumatiques de notre appareil respiratoire et l'espace aérien qui nous entoure.

Quand nous émettons un son, en effet, *l'air et nous* devenons sonores, nous nous sentons vibrer nous-mêmes. Il suffit, pour nous rendre compte que nous vibrons, de poser la main soit sur la tête, soit sous la mâchoire, soit sur la poitrine, selon le son émis, et pour nous apercevoir que l'air qui nous entoure vibre, de mettre la main à quelque distance de la bouche pour sentir une expiration tiède qui ne va pas loin.

Au delà de nous, l'*oreille* de nos *auditeurs* sert d'*appareil enregistreur* des sons. Mais pour que l'oreille *enregistre* les sons émis par nous, il faut que les sons lui parviennent, telles les balles d'un tireur parviennent à la cible vers laquelle elles sont dirigées. D'où la nécessité de la *destination vocale.*

Cette *destination vocale est la représentation consciente et directe du point, de la distance, de l'espace où l'on veut envoyer le son que l'on émet.* C'est elle qui commande l'*orientation vocale*, la *visée sonore*, réalisée par toute notre *accommodation.*

Le *but de la voix* étant la *mise en sonorité* d'une partie de l'espace qui nous entoure et où se trouvent nos auditeurs, quand notre appareil phonateur est correctement *braqué* sur ce point de l'espace, quand notre *effort* a pour but, non pas de nous mettre seulement *nous-mêmes en sonorité*, mais de faire porter cette sonorité au point voulu et de mettre en sonorité avant tout, notre auditeur ou notre auditoire, on dit que *notre voix est posée.*

C'est précisément cette notion de la *destination vocale* et de la *pose de la voix* qui manque le plus aux enseignants pour bien conduire leur voix, lui éviter le malmenage et le surmenage.

Le maître en général *vibre* pour lui seul et il ne se soucie pas d'*approprier sa voix* à ses fins naturelles, à *savoir la mise en sonorité de son auditoire.*

Or, *la pose de la voix* comprend la recherche des *attitudes vocales* qui permettent de réaliser le *maxi-*

mum d'effet avec le *minimum d'effort*, *l'effet* étant
le son voulu transmis à la distance voulue.

Quand le maître parle, il doit chercher, non pas à
s'entendre — ce qu'il fait généralement — mais par
l'ouïe, aller chercher, juger, apprécier sa voix *telle
qu'elle parvient à son auditoire.* Il doit être lui-
même, si je puis m'exprimer ainsi, son *auditeur le
plus sévère.*

La salle où il parle est une cavité pneumatique
beaucoup plus grande que ses cavités vocales, mais
au contenu de laquelle sa voix donne le branle
comme la glotte qui intervient dans la phonation à
donné le branle aux cavités vocales.

Il faut qu'il habitue son oreille à entendre non
pas *l'écho*, mais la *résonance* même de la classe,
pour saisir celle-ci avec sa voix, dès les premières
syllabes qu'il prononce et s'y maintenir constam-
ment.

*L'orientation de l'effort vocal, cette objectivation
de notre voix* en un point voulu retentit sur toutes
nos *attitudes*, sur toutes nos *tensions*.

Un sens nous aide beaucoup sur ce point, c'est la
vue, mais il est excellent de s'aider encore plus de
l'oreille et « *d'entendre* » si notre voix arrive à destination.

La culture de la voix pour le maître est donc à
tous égards dépendante de la culture de l'ouïe; la
voix et l'ouïe sont du reste en relation physiologique constante.

7

Une autre remarque importante est celle-ci : *le son sur les lèvres porte mieux que le son dans la gorge.* C'est ici que les principes d'une bonne diction pourront être appliqués judicieusement toujours en considérant non le point de départ des sons, c'est-à-dire nous-même, mais le point d'arrivée c'est-à-dire *l'élève.*

Les maîtres feraient bien de s'inspirer sur ce point des procédés employés dans l'éducation des sourds-muets qui lisent la parole sur les lèvres de leurs professeurs.

Un très grand nombre d'élèves qui présentent une *insuffisance auditive* plus ou moins marquée tireraient un grand bénéfice de cette appropriation de l'*attitude vocale* de leur maître à leur capacité auditive particulière, attitude qui permettrait à leur vue de suppléer à l'insuffisance de leur oreille.

Il est absolument nécessaire de faire la *culture de la voix* et d'apprendre aux éducateurs comme ils doivent conduire leur voix pour éviter le surmenage.

Cette culture nous paraît tout indiquée dans les écoles normales. Voici comment elle pourrait se faire selon nous.

Une école normale dispose habituellement de salles de diverses grandeurs.

Les élèves maîtresses se réuniraient successivement dans chacune des salles. L'unes d'elles pourrait se charger de faire une causerie — la conférence

pédagogique est tout indiquée pour cela — avec
l'intention marquée et cherchée de se faire bien
entendre, en dépensant sa voix le moins possible.

La discussion qui suivrait la causerie porterait
autant sur la valeur orale de la causerie que sur le
fonds.

Les élèves maîtresses, auditrices intéressées,
donneraient leur avis sur la façon dont elles ont
« *entendu* » leur conférencière occasionnelle ;
qu'elles soient placées près ou loin d'elle, elles
essaieraient de discerner les qualités ou les défauts
de la *pose de sa voix*, elles s'habitueraient ainsi
à songer aux inconvénients d'une mauvaise appropriation et d'une mauvaise conduite de la voix.

D'autres exercices pourraient être faits avec les
élèves de l'école annexe. Ce seraient des exercices
spéciaux à propos desquels on pourrait faire des
remarques intéressantes.

Devant un auditoire d'enfants placés à des endroits divers d'une salle, la maîtresse prononce une
phrase ; en regardant un enfant, elle la prononce
à voix basse mais en articulant bien et en visant
l'oreille de l'enfant auquel elle veut s'adresser.

Si l'enfant ne comprend pas — donnant cependant
toutes les marques d'une attention soutenue — c'est
qu'il n'a pas bien entendu, que lui-même soit insuffisant au point de vue auditif, ou que la maîtresse
ait été incapable de bien se faire entendre.

Dans ce cas on peut agir de deux manières : ou

bien la maîtresse répète une seconde fois sa phrase en essayant de mieux poser sa voix et de mieux *viser* son auditeur, ou bien une autre maîtresse peut répéter la même phrase en essayant de se mieux faire comprendre; l'on compare alors les deux voix relativement à leurs effets.

On peut varier à l'infini les exercices de ce genre, mais il est absolument nécessaire de faire, à propos de n'importe quel *exercice oral,* le bilan de ce qui a été entendu et de ce qui ne l'a pas été. A force de se rendre compte de son incapacité à se faire bien entendre, l'élève maîtresse fera tous les efforts nécessaires pour *approprier sa voix* et la *poser* de façon à ce que tout son auditoire profite de son enseignement.

La voix ne s'exerce pas seulement dans la *parole* mais dans le *chant.* Peu d'enseignantes sont capables de donner un enseignement rationnel du chant parce qu'elles ne savent pas *conduire elles-mêmes leur voix.*

Le chant obéit aux mêmes règles que la parole et il faut, pour chanter comme pour parler, *viser le point* ou l'on veut envoyer la voix et essayer d'y *poser* celle-ci. Ce qui fatigue le plus les enseignantes qui doivent chanter c'est qu'elles cherchent en elles-mêmes l'*appui de leur voix* au lieu de le chercher dans la *salle* où elles doivent chanter et qu'elles considèrent le point de départ de leur voix, c'est-à-dire leur appareil vocal, plutôt que de considérer le point d'*arrivée*, à savoir l'oreille de leur auditoire.

Dans une classe, les difficultés de conduite de la voix augmentent, attendu que la maîtresse n'a pas à *viser* dans l'enseignement collectif *un seul enfant* mais qu'il faut que le son de sa voix parvienne à *tous les enfants*, et à des enfants de capacités auditives absolument différentes.

Il faut donc qu'elle s'assure que tous les enfants *comprennent* bien; c'est par ce seul moyen que toujours en se considérant elle-même comme une auditrice éloignée d'elle-même, elle pourra se rendre compte de la véritable appropriation de sa voix à la capacité auditive de ses élèves.

Ai-je besoin d'ajouter que le défaut capital des jeunes maîtresses, défaut dont elles ne se corrigent que lorsqu'une laryngite est venue les frapper, est de *parler haut*, de *crier* leur enseignement et de se *fatiguer inutilement*, sans profit pour leurs élèves. Une maîtresse a beau en effet forcer sa voix pour essayer de lui faire rendre des sons plus élevés, elle ne se fait pas mieux comprendre.

Si, au contraire, elle essaie de bien la faire porter, avec tous les ménagements nécessaires, sur tous les points de sa classe, elle rend ses élèves plus attentives, elle les tient suspendues à ses lèvres, elles diminue *l'incapacité intellectuelle* résultant forcément de l'insuffisance auditive, et fait donner à son enseignement le maximum de résultats avec le minimum d'efforts.

Ce sont là des conseils simples et qui peuvent être suivis par toutes les enseignantes.

Il serait à désirer qu'une culture véritable de la voix fût faite dans toutes les écoles normales et que des exercices variés fussent entrepris pour développer les aptitudes vocales de chaque élève maîtresse, aptitudes qui sont perdues faute d'être mises en valeur d'une façon rationnelle, ce qui fait que les meilleurs organes se brisent en très peu de temps pour n'avoir pas été bien conduits.

Je conseillerais volontiers aux enseignantes qui sont musiciennes, et qui savent chanter, de cultiver précieusement l'art du chant selon une méthode scientifique. Et il faut considérer comme scientifique celle qui donne le maximum d'*effets* avec le minimum d'efforts, parce que basée sur une connaissance parfaite des organes de phonation, de leur physiologie, de leur développement, de leur appropriation.

J'ajoute qu'un très grand nombre de causes extérieures influent sur la voix et doivent être l'objet d'un examen attentif. Toutes les fautes d'hygiène génitale ont une répercussion sur les organes phonateurs, particulièrement chez les femmes.

Chacune a pu observer que pendant la menstruation la voix subit des variations. Et ce fait rend manifestes les relations qui unissent les organes phonateurs et les organes génitaux.

Il faudra donc éviter toute fatigue au moment des

époques sous peine de s'exposer à des accidents assez graves.

Il faut éviter également les émotions, les secousses nerveuses, les contrariétés, les accès de colère.

On a vu des maîtresses devenir aphones et le rester pendant un certain temps à la suite d'un accès de colère accompagnée de cris, au cours d'une classe.

En hygiène, on le voit, tout se tient et il n'est pas possible de parler de l'hygiène d'un organe sans être obligé de revenir aux prescriptions d'hygiène générale.

Je me résume donc : l'école normale fera l'éducation de la voix des élèves maîtresses à propos de tous les *exercices oraux* qu'elle donnera, soit aux élèves maîtresses, soit aux élèves des écoles annexes. Elle continuera les exercices de *diction* et de *déclamation* qui parachèveront l'éducation des organes phonateurs proprement dits.

Les enseignantes s'habitueront à bien se rendre compte de l'*étendue,* et de la *capacité* de *sonorité* de la classe où elles doivent parler. Une fois bien en possession de cette notion, elles s'appliqueront, soit en présence de leurs élèves, soit par des exercices spéciaux, à envelopper dans leur voix l'espace sonore ainsi étudié, en la dirigeant sur des points différents et en cherchant à se rendre compte qu'elle porte bien sur ces différents points. Elles n'oublieront point dans ces exercices de se considérer comme des *auditrices* de leur *propre parole*, et d'aller chercher leur voix non près d'elles-mêmes au point de départ, mais là où elles veulent que leur voix porte, c'est-à-dire au point d'arrivée, au point visé.

Elles s'efforceront de bien articuler et d'habituer leurs élèves à lire autant sur les lèvres que dans les sons qui leur parviennent, afin d'augmenter l'attention de toutes leurs élèves, la capacité intellectuelle de celles qui ont une certaine insuffisance auditive; de façon aussi à *n'être jamais*, ou à ne se *croire jamais obligées d'élever la voix pour se faire entendre.*

Le danger réside en effet dans la tension trop marquée des cordes vocales auxquelles on veut faire rendre des sons plus aigus, tension qui augmente la fatigue des muscles phonateurs et expose à des dangers dont le moindre peut-être est la déchirure d'une ou de plusieurs de ces cordes.

HYGIÈNE DU TRAVAIL

Si l'on ajoute aux méfaits du manque d'hygiène corporelle, d'hygiène alimentaire et d'hygiène respiratoire, le manque d'hygiène dans le travail, on complétera le tableau des fautes commises généralement par les enseignantes contre leur santé. L'hygiène du travail est en effet très mal comprise chez un grand nombre d'entre elles.

Professeurs de lycées, de collèges, d'écoles normales ou d'écoles supérieures, elles ajoutent les fatigues journalières à la dépression que leur ont laissée les longues années de préparation aux concours et aux divers professorats, les veilles auxquelles elles se sont assujetties pendant leurs années de séjour dans les écoles normales supérieures ou bien celles des années de préparation aux examens lorsqu'elles étaient institutrices ou répétitrices.

Pour celles-là les *longues veillées* sont encore de rigueur bien que le nombre de cours soit parfois relativement restreint. Il faut préparer son enseignement, lire beaucoup pour se tenir au courant des choses d'actualité et adapter son programme au mouvement intellectuel, si l'on ne veut pas rester inférieur à sa tâche.

Elles rentrent donc le soir fatiguées, expédient rapidement et sans grand appétit un repas sommaire, et se remettent au travail, la tête lourde, pour quelques heures.

Pour vaincre la somnolence que leur amène une digestion pénible commencée dans de mauvaises conditions, elles absorbent du thé ou du café en quantité plus ou moins répétée et la veillée se passe ainsi à faire de mauvais travail, néfaste à la santé.

Les heures de sommeil sont réduites à sept, six, voire même cinq heures.

Une ou deux soirées par semaine consacrées soit à des amis, soit au théâtre, soit au concert, diminuent encore le nombre des heures de sommeil, bien qu'il faille les considérer comme des heures de repos puisqu'elles font sortir l'enseignante du cercle habituel de ses occupations.

Si nous nous tournons du côté des institutrices le tableau n'est pas moins sombre.

Là, ce n'est plus la longue préparation de la classe qui fatigue ; ce sont les classes du soir recommencées après celles du jour sous forme de cours d'adultes, de veillées populaires, c'est la préparation des fêtes scolaires, c'est la participation aux œuvres de l'école, caisses d'épargne, mutualités, etc....

Ce sont encore pour les jeunes institutrices les déplacements onéreux et fatigants que la modicité de leurs ressources leur fait faire par surcroît dans des conditions mauvaises pour leur santé et leur moralité : malpropreté des compartiments de chemins de fer, atmosphère irrespirable, promiscuité fâcheuse avec toutes sortes d'individus.

Quel est le remède à cet état de choses ?

Si nous pouvions entrer ici dans la partie pédagogique de la tâche des enseignantes en général, nous pourrions montrer sans peine qu'une *mauvaise organisation* de leur *travail*, une *interprétation erronée des programmes* et des *règlements*, est souvent cause de leurs fatigues et du surmenage intensif auquel elles se soumettent.

Une correction méthodique des copies des élèves, un *classement systématique des notes* destinées à la préparation de la classe ou des cours, au fur et à mesure des lectures, rendraient plus faciles les recherches nécessaires pour réaliser des exercices attrayants et tout à fait concordants avec les choses d'actualité.

La limitation des œuvres scolaires para et postscolaires aux forces personnelles et aux concours divers dont elles disposent serait une sage mesure pour les institutrices.

Il faudrait que toutes les enseignantes, par une plus sage organisation de leur tâche, arrivassent à réduire le nombre des heures de travail de deux ou trois par jour; elles pourraient employer ce temps au repos ou à la distraction.

Quand on est, comme elles le sont, soumise à des obligations nombreuses, il n'y a pas moins de *probité professionnelle* à essayer de limiter sa tâche à ses forces, qu'à en augmenter le poids sans se demander si on pourra le supporter, et à devenir à bref délai une charge pour l'administration, un danger pour l'école, quand la maladie est venue faire payer son tribut à l'insouciance ou à l'imprudence. Les institutrices en particulier feraient bien de méditer cette vérité.

Il me semble que dans le concours dévoué qu'elles ont donné aux œuvres scolaires ou post-scolaires depuis quelques années, elles ont trop compté sur leurs *seules forces;* elles ont voulu assumer toutes les tâches, et le fardeau en est devenu trop lourd.

Elles auraient dû se rendre compte que si elles devaient être l'âme des œuvres sociales qu'elles s'efforçaient de créer autour d'elles, elles pouvaient néanmoins faire appel aux initiatives nombreuses auxquelles elles ont négligé précisément de s'adresser. Confier l'administration de ces œuvres aux bonnes volontés juvéniles qui s'étaient groupées autour d'elles, les diriger, c'était là encore faire de l'éducation et de la véritable éducation sociale, c'était limiter sagement les dépenses de leurs forces.

Ainsi se seraient simplifiées leurs tâches matérielles les plus pénibles; ainsi les institutrices au-

raient évité de laisser tomber après quelques années
d'existence tant d'œuvres utiles au maintien desquelles elles ne se sont pas senti la force de travailler; .
ainsi surtout se serait accrue leur *force morale* et
cela leur aurait permis de faire face aux difficultés
de l'heure présente que personne ne se dissimule.

Oui, il y a une hygiène du travail comme il y a
une hygiène corporelle. Cette *hygiène du travail* a
pour corollaire immédiate une hygiène nerveuse
dont nous voulons dire quelques mots.

Mais ce n'est pas seulement dans la préparation
du travail qui est œuvre extra-scolaire, pourrait-on
dire, puisque c'est en dehors de l'école où nous l'as-
surons, c'est dans le travail lui-même à l'école que
nous devons veiller à notre *hygiène nerveuse*.

La qualité qui nous manque le plus en général
c'est le *calme*. Il manque principalement chez les
jeunes qui s'emportent facilement et se font ainsi,
sans profit pour leurs élèves, le plus grand tort.

Il faut chercher à acquérir du *calme*.

J'ai connu une institutrice qui était d'un caractère
emporté, colérique, et qui, à ses débuts dans l'enseignement, se mettait dans des accès de colère épou-
vantables quand un enfant lui désobéissait; elle m'a
avoué qu'elle avait distribué pas mal de gifles, et
secoué pas mal d'enfants pendant les premières
semaines où elle avait fait la classe, ce qui n'avait
pas naturellement contribué à lui donner plus d'autorité auprès d'eux, ni amélioré sa discipline. Puis

la réflexion et la sagesse aidant, les bons conseils de sa directrice faisant le reste, elle était parvenue, après bien des efforts, à devenir plus calme, à telles enseignes qu'elle pouvait voir aujourd'hui n'importe quel fait se produire sans qu'aucun de ses mouvements, sans qu'aucun signe de sa physionomie révélât, même involontairement, son mécontentement ou son émotion.

C'est là un exemple de ce que peuvent sur le tempérament et le caractère les efforts persévérants de la volonté. Et c'est ce à quoi les enseignantes doivent le plus travailler.

L'influence qu'on peut avoir *sur soi*, de sa propre volonté, est très grande. Et ce développement de nos centres d'activité, ordonné, méthodique, persévérant, est le meilleur moyen d'assurer cette hygiène nerveuse qui a une répercussion extrêmement importante sur tous nos centres organiques.

Jamais d'emportements en classe, un calme tranquille, ce sont les meilleures conditions pour effectuer son travail sans excès de fatigue, avec le maximum de résultats.

Si tant d'enseignantes sont fatiguées, surmenées, si tant sont frappées par la laryngite nerveuse, puis par la laryngite tuberculeuse, c'est parce qu'elles ont une mauvaise manière de travailler et qu'elles cèdent trop facilement aux causes occasionnelles d'émotivité, d'énervement qu'elles rencontrent dans ces milieux mouvants que sont l'enfance et l'adolescence.

Les difficultés de la tâche deviennent de plus en plus grandes à mesure que le principe d'autorité va s'affaiblissant dans la société. L'école n'échappe pas à ce courant, c'est une raison de plus pour que les enseignantes cherchent dans une très grande maîtrise, un empire absolu sur elles-mêmes, la force qui leur est nécessaire pour que leur *discipline* s'impose sans *fatigue* pour elle comme sans à-coup pour leurs élèves.

A côté de cette hygiène de l'activité intérieure, j'insisterai pour que l'enseignante se préoccupe de l'hygiène du mouvement.

Je n'ai pas à refaire ici le tableau des méfaits du sédentarisme, j'ai dit à propos de l'hygiène alimentaire ce qu'il fallait en penser. Je répète que la vie sédentaire que nous menons aide à cette intoxication de nos tissus qu'une mauvaise hygiène alimentaire met en train. L'exercice musculaire est le dérivatif naturel des travaux intellectuels. Nous devrions nous astreindre à faire quelques heures — une au moins —, de marche ou de gymnastique par jour, ou bien sacrifier quelques instants à des jeux qui réveillent l'activité de nos articulations, qui mettent en jeu nos muscles, qui augmentent notre activité vitale, et chassent les poisons de notre économie.

Je sais bien qu'en demandant une telle chose je vais soulever des récriminations de toutes sortes. Mais, va-t-on me dire, nous passerons donc notre vie à nous soigner et à nous préserver des maladies. Nous avons bien autre chose à faire.

Mais à quoi donc doit servir la vie si ce n'est à chercher à en tirer — au point de vue organique s'entend — tout le bien désirable, afin de pouvoir jouir de tous les autres biens spirituels à la possession desquels notre conception philosophique particulière nous porte à aspirer.

Vaut-il mieux rester dans l'expectative, attendre que toutes nos fautes, toutes nos négligences produisent leurs effets désastreux, plutôt que d'organiser une existence de manière à en éloigner toutes les choses mauvaises et à chercher à vivre en santé, en beauté, et par surcroît en bonté.

D'autant que cette organisation systématique de la vie finit par donner des jouissances qui surpassent et bien au delà les efforts qu'on a dû faire pour l'organiser.

Les pratiques de l'hydrothérapie, de l'aérothérapie, de bonne hygiène alimentaire et respiratoire, la gymnastique, la promenade, le jeu, et tous les éléments qui fortifient notre organisme, contribuent à rendre la vie plus large et plus longue. *En hygiène, perdre du temps c'est en gagner; on ne devrait pas l'oublier.*

Je ne saurais recommander ici les innombrables méthodes de gymnastique qui sont aujourd'hui mises en pratique par tout le monde. Je recommanderai en général aux enseignantes celles qui développent méthodiquement toutes les parties du corps, sans assurer d'autre prédominance au développement de l'une quelconque des parties du corps qu'à celui qui me paraît essentiel chez la femme, à savoir : le développement *des muscles de la poitrine* et celui des *muscles du ventre et du bassin.*

Je n'ai pas besoin de m'étendre sur le bénéfice qu'elles peuvent retirer d'un développement méthodique de la poitrine, centre de la fonction respiratoire, siège de certains organes qui sont essentiels dans la fonction de la génération ; je n'ai pas besoin non plus de dire que le développement des muscles du ventre, que les mouvements systématisés du bassin sont, chez toutes les femmes qui peuvent éventuellement devenir des mères, un excellent moyen d'aider la nature en facilitant son œuvre dans un développement normal donné aux organes de génération.

J'ajouterai que si les exercices de gymnastique étaient faits régulièrement par les femmes, on rencontrerait chez elles moins d'accidents consécutifs à la grossesse, varices entre autres, le système vasculaire étant devenu plus résistant.

Au point de vue de l'hygiène du mouvement, je dois mettre en garde contre les dangers de la station debout prolongée qui est imposée parfois dans certaines écoles, non par le règlement, mais par l'incurie des directrices, pendant les longues heures de surveillance. J'ai vu tout dernièrement une adjointe d'école maternelle qui, placée dans une école où l'on appliquait les règlements à l'envers, souffrait horriblement, ayant aux jambes des varices, des longues stations qu'on lui imposait lorsqu'on gardait les enfants dans la cour sans leur rien faire faire.

Je souligne en passant les dangers qu'entraînent de telles pratiques. Ce n'est pas sans raison qu'une loi sociale a exigé des employeurs qu'ils tiennent, dans leurs ateliers et magasins, une chaise à la disposition de chacune des employées femmes, afin que celles-ci puissent se reposer de temps en temps. Il serait cruel d'imposer à des institutrices le supplice de rester de longues heures sans pouvoir s'asseoir.

LES VACANCES

L'emploi judicieux des vacances rentre dans les préoccupations de l'hygiène professorale.

La question se résout différemment selon les ressources pécuniaires des enseignantes.

Dans l'enseignement secondaire, dans les écoles normales et dans les écoles primaires supérieures où les vacances sont assez longues, où les émoluments sont plus sérieux que dans l'enseignement primaire, elle se résout assez facilement. Il est peu de professeurs qui ne consacrent quelques semaines au moins à un déplacement, voyage ou villégiature, à moins d'être tenues par des obligations pécuniaires secondaires.

Le budget des primaires est moins élastique et ce n'est qu'à grand'peine que quelques-unes d'entre elles arrivent à économiser un ou deux billets de cent francs pour sacrifier à la mode « d'aller en vacances. »

Mais pour toutes les enseignantes la question se

pose de bien profiter des vacances, selon le mode qui convient, suivant aussi les ressources dont on dispose.

Des huit semaines qui composent habituellement les vacances, quatre devraient être consacrées à un repos complet dans son *milieu*, la moitié au début des vacances, la moitié à la fin. Les quatre autres pourraient être consacrées à un voyage d'études ou d'agrément, ou à une villégiature choisie selon des considérations que nous développerons plus loin.

Voici ce qui milite à notre sens en faveur de cette disposition des vacances. Nous avons remarqué que la plupart des enseignantes qui partent en vacances le lendemain même de la fin des classes, et qui ne rentrent que quelques jours avant la rentrée sont souvent fatiguées. La hâte avec laquelle elles préparent leur rentrée, la nécessité de songer aux mille détails du ménage qui ne peuvent se régler que lorsqu'on a l'esprit parfaitement libre, c'est-à-dire en vacances, le peu de temps qu'elles peuvent y consacrer les énerve et achève de les fatiguer.

Elles rentrent en classe mal préparées, soucieuses, et de mauvaise humeur, regrettant amèrement les beaux jours de vacances déjà passés. Ce n'est guère une bonne manière de se préparer aux fatigues d'une année nouvelle, et rentrer avec une telle humeur, un tel esprit chagrin, c'est se préparer à faire de la mauvaise besogne.

Plus sages sont celles qui attendent une quinzaine,

pour partir, qui mettent leur affaires personnelles en ordre afin de n'avoir plus en rentrant qu'à songer à celles de la classe.

Elles peuvent alors largement profiter et sans souci aucun, des quatre semaines qui restent à se reposer ou à se distraire.

Si je ne savais combien les voyages distraient et instruisent, combien, malgré les fatigues qu'on en éprouve, on est content de les faire, je conseillerais aux enseignantes de consacrer toutes leurs vacances à une villégiature reposante dans les conditions les plus favorables à leur tempérament, à la santé dont elles jouissent, à la fatigue qu'elles ressentent à la fin de l'année scolaire.

Ce serait la meilleure manière de refaire une provision de forces, de réparer les pertes.

On voyage aujourd'hui autant par le livre que par chemin de fer; les enseignantes feraient bien parfois d'y songer ne fut-ce que pour alterner les voyages qu'elles aiment avec le repos.

Pour voyager il faut le faire dans de bonnes conditions matérielles, il faut trouver en route la table qui convient, la chambre saine, reposante où l'on prend le temps de respirer et d'exhaler la poussière des routes qu'on absorbe à profusion, de quelque manière qu'on voyage. Si l'on ne peut trouver cela qu'à grands frais et qu'on ne peut supporter ces derniers, mieux vaut s'abstenir et rester chez soi.

Je sais bien qu'on m'objectera que les voyages

coûtent aujourd'hui beaucoup moins cher qu'autrefois…. c'est possible. Il ne faut pas oublier non plus
que les conditions de la vie ont changé et que les
difficultés matérielles existent aussi bien pour les
hôteliers que pour les voyageurs et que, en fin de
compte, ces derniers n'en ont que pour leur argent.

Comment choisir la station où l'on se reposera si
l'on ne voyage pas.

Quatre genres de stations s'offrent à notre choix :
la ville d'eau, les stations balnéaires, les stations
rurales de plaine ou d'altitude.

Les villes d'eau ne conviennent qu'aux malades et
ne sont guère des stations reposantes pour les intellectuelles. La vie mondaine y trouve ses agréments,
mais ce n'est pas la station de choix pour les enseignantes ; celles qui sont obligées d'y séjourner à
cause d'une indication spéciale en reviennent fatiguées et par la cure et par la vie fiévreuse qu'on y
mène.

Il faut donc écarter la ville d'eau à moins qu'on ne
soit obligé d'y séjourner soit pour sa propre santé
soit pour la santé d'un des siens.

La mer ne convient point généralement aux personnes nerveuses, aux excitées, aux surmenées du
système nerveux ou de l'estomac, aux laryngiques.

Elle convient à merveille au contraire aux personnes fatiguées, déprimées, qui ont besoin d'un
stimulant pour retrouver de l'appétit et des forces.

La station rurale, station de campagne ou station

d'altitude peu élevée sont les stations de choix pour
les enseignantes.

Ce sont cependant celles vers lesquelles on se
dirige le moins facilement, à moins qu'on aille à la
montagne pour ascensionner ce qui n'est plus la
même chose. On fera bien d'éviter, dans les ascen-
sions, la fatigue du cœur qui est très rapide.

La *campagne* est véritablement le lieu de choix
pour les enseignantes.

Certes on n'y a pas les agréments du casino, ni de
la plage mondaine, mais on y est si bien ! On y vit
dans le calme le plus complet, on y respire un air
pur, on se désintoxique, et on y prend souvent l'habitude d'une alimentation plus saine parce que plus
naturelle.

Je connais plusieurs familles d'universitaires qui
louent, à une trentaine de kilomètres de la ville où
ils enseignent, une petite maison, où, dès que la
bonne saison arrive, ils vont passer quelques heures,
le jeudi, le dimanche et toutes leurs-vacances, ou
bien le temps qui leur reste après le voyage tradi-
tionnel.

On ne saurait trop préconiser cette mesure si
sage.

On a essayé de fonder un certain nombre d'œuvres
universitaires de vacances. Elles pèchent en général
par le même point : la rétribution qu'elles demandent
à leurs adhérents est trop minime (quoique bien en
rapport cependant avec les modestes ressources de

ces derniers) la nourriture et le logement sont défectueux, on s'y déplaît.

L'œuvre est à créer d'une maison nationale de station de vacances dont les enseignantes profiteraient largement. Il serait à souhaiter qu'elle fût à la campagne, à proximité si possible d'une forêt, ou à une altitude faible.

Elle aurait, en sus des avantages immédiats qu'elle procurerait à celles qu'elle accueillerait, celui de rapprocher les universitaires de toutes les classes et de toutes les régions, de leur permettre de se connaître, de s'apprécier, de mettre en commun, pendant quelques semaines, leur patrimoine intellectuel et moral, de s'entretenir de leur idéal, de leurs aspirations. Ce serait un vaste trait d'union entre tous les membres de la France enseignante féminine.

Il reste de toute cette discussion que l'emploi des vacances ne doit être subordonné qu'*à la question de santé*, à celle-là exclusivement, et que la mode ne doit pas intervenir comme elle le fait trop souvent au grand détriment de la bourse et de la santé des enseignantes.

Que celles, au reste, à qui la modicité de leurs ressources ne permet pas les frais d'un voyage, ou d'un séjour dans quelque endroit paisible (ceci est presque toujours possible, car à part la question de logement, celle de nourriture se résout toujours sans occasionner de plus gros frais que dans la vie ordinaire) se consolent facilement des obligations que la vie leur impose.

Qu'elles fassent de longues promenades, qu'elles profitent de leurs vacances pour s'aérer largement, ou pour faire la cure d'air que je leur proposais dans un des chapitres de ce livre. Qu'elles fassent chaque matin devant leur fenêtre ouverte la cure de soleil et de lumière qui leur profiterait d'autant mieux qu'elles sont en pleine période de repos.

Dans l'atmosphère calme et paisible de leur intérieur, peut-être au milieu d'une famille aimée, elles goûteront des joies aussi pures que celles que peuvent goûter les fortunées qui ont l'heur de voyager ou de profiter d'une villégiature quelconque.

Cette vie vaut à tout prendre la promenade poussiéreuse des longues courses précipitées, des voyages, et l'atmosphère plus ou moins saine des chambres d'hôtel.

HYGIÈNE MORALE

Il paraît indispensable de terminer cette revue d'hygiène professorale par quelques considérations sur *l'hygiène morale*.

L'hygiène morale est, pour les professeurs comme pour les élèves, *l'ensemble des bonnes habitudes physiques, intellectuelles et morales* qui font la vie saine et agréable, bonne et désirable.

Je ne me trompe pas, je pense, en disant que, si tant de maîtresses de tous ordres arrivent au milieu de leur carrière fatiguées, découragées, c'est précisément parce qu'elles ont manqué aux prescriptions de cette *hygiène morale*, qui eût pu les aider à surmonter les difficultés matérielles et morales de leur tâche, à triompher des ennuis de toutes sortes, du surmenage, à passer saines et sauves au milieu des dangers de toute espèce semés sur leur route, tantôt par leur propre fait, tantôt du fait des circonstances, et à conserver jusqu'au bout cette belle humeur, cet optimisme qui fait le fond de l'âme française, et qui devrait faire particulièrement celui de toutes les françaises enseignantes.

Oui, il y a un optimisme nécessaire pour bien accomplir sa tâche et cet optimisme ne peut résulter que de l'équilibre parfait entre les forces physiques, intellectuelles et morales, lequel est lui-même la conséquence d'une hygiène rigoureuse.

J'ai indiqué aux chapitres respectifs les moyens de se conserver en santé par l'observance journalière des lois de l'hygiène, par une économie bien comprise de ses forces et de son travail.

Ce n'est pas tout, il faut essayer de créer autour de soi une atmosphère morale saine, faite de calme et de tendresse si cela se peut, au sein de laquelle on puisse se reposer, vivre en complète sécurité aux divers moments de son existence.

Cette faculté de créer autour de soi cette atmosphère demande une *préparation*.

Il m'a semblé intéressant de faire au sujet de cette préparation une petite enquête auprès de celles de nos collègues qui ont vécu soit dans les écoles *normales* primaires, soit dans les écoles normales supérieures.

Je leur ai demandé quel était leur état d'âme au sortir de ces écoles, et comment elles se trouvaient préparées à affronter avec la bonne humeur, la patience et la force de caractère nécessaires les difficultés de leur tâche.

Cette enquête m'a apporté des révélations intéressantes, parfois inattendues, dont il sera peut-être possible de tirer des indications pratiques au point de vue de la conduite à tenir.

La plupart des élèves des écoles normales primaires ont gardé de leur séjour à l'école le souvenir de trois années passées dans le calme et la quiétude la plus complète ; elles y ont vécu heureuses, et y retournent avec plaisir ; pourtant plusieurs m'ont dit : l'école normale fait vieillir ! Il nous semble que lorsque nous en sommes sorties, l'air vif du dehors nous a piquées et nous a fait du bien, nous a rajeunies.

Si l'on ne peut dire proprement que l'école normale fait vieillir, il paraît tout naturel de dire qu'elle donne aux jeunes filles qui y entrent une *maturité d'esprit* qui peut, jusqu'à un certain point, leur sembler un signe de vieillesse !

Pourtant, il y a quelque chose de vrai dans ce que disent nos jeunes collègues. Il me semble que nos écoles normales restent encore trop fermées aux bruits du dehors et que la vie y ressemble encore fort souvent à l'ancienne vie monacale, qu'elle y est trop calme. Les études sérieuses auxquelles sont soumises les élèves, les travaux personnels développent et mûrissent l'intelligence et la volonté, accroissent la raison, affermissent le jugement, mais il ne faut pas que tout cela tarisse la *gaîté* et l'*enthousiasme* qui sont les deux principaux ressorts de la jeunesse, qui sont aussi ceux de la vie pleinement heureuse.

Je connais des directrices d'écoles normales très distinguées qui ont fort bien compris cette nécessité d'ouvrir toutes grandes les portes de l'école à l'air vivifiant du dehors, qui ont senti que l'école n'était plus, comme le couvent, la muraille au pied de laquelle venaient s'éteindre les mille bruits de la vie, mais la maison toute grande ouverte aux rayons vivifiants du progrès, aux échos des grandes voix du siècle.

Elles ont compris que le travail intellectuel trop exclusif et trop absorbant fatigue et dessèche les esprits et les âmes, exagère la sensibilité, neutralise la volonté, que si l'internat est un mal nécessaire qu'il faut subir pour des raisons supérieures, il faut en pallier les inconvénients en y introduisant la vie, l'air, le soleil, la lumière.

Certaines ne négligent aucune occasion pour faire profiter leurs élèves maîtresses des mille ressources dont la vie intense leur fournit l'occasion : conférences diverses, séances de musique, qui viennent heureusement rompre la monotonie du travail intellectuel et purement professionnel, etc.

Quant aux anciennes élèves de Fontenay et de Sèvres, elles ont conservé au contraire, de leur séjour à l'école, des souvenirs inoubliables, entre autres celui d'une vie intellectuelle intense au milieu des plus pures gloires de la science, de la littérature et de la philosophie, celui d'une vie idéale, toute

consacrée à la recherche de la vérité, du beau, du
souverain bien.

La plupart de ces intelligences d'élite qui ont été
appelées à vivre de cette vie libre, idéale, la regrettent profondément.

D'aucunes y ont cependant laissé le meilleur de
leur santé, dans les veilles prolongées et répétées.
Chez d'autres, le choc subi à la sortie de l'école quand
elles furent aux prises avec la vie réelle, si différente
de celle qu'elles avaient menée, a ébranlé quelque
peu l'enthousiasme et la foi dans un idéal supérieur.
L'entrée dans la vie pratique a été, pour presque
toutes, une souffrance, souffrance très vive pour les
âmes sensibles, trop éprises d'idéal, atténuée pour
les âmes plus fortes et mieux trempées.

Toutes ont conservé un impérieux désir de vivre
en concordance avec les souvenirs du passé, un
besoin de satisfaire aux exigences intellectuelles
créées par un développement intégral et intensif de
leurs facultés, une soif d'idéal que les années ne
parviennent pas à calmer....

Que le hasard qui préside aux destinées adminis-
tratives les ait placées dans une petite ville calme
de province ou dans la grande ville aux bruits con-
fus, elles continuent à vivre une vie intérieure
intense qui peut jusqu'à un certain point remplacer
pour elles, et non sans avantage, les banalités qu'elles
pourraient entendre dans les cercles où elles ne sont
pas reçues parce qu'elles sont des « intellectuelles »,

où on les craint, parce qu'elles sont des « enseignantes » et qu'elles ne constituent pas une aristocratie suffisante — du moins à l'égard de certaines classes — pour que tombent devant elles les barrières encore fort solides des préjugés.

Mais elles peuvent, dans la vie retranchée où les tient un ostracisme qu'on ne s'explique pas autrement que pour les raisons que je viens de dire, goûter des joies saines et continuer à vivre leur idéal.

Toute autre est la situation des jeunes institutrices. Je mets à part celles qui ont conservé le goût des études, qui se préparent aux examens supérieurs ou qui, se contentant d'une tâche modeste qui ne manque pas cependant de grandeur, cherchent à élargir leur horizon, continuent à vivre conformément à la formation qu'elles ont reçue et qui a laissé sur elles une si forte empreinte. Je demande aux autres qui constituent la majorité ce qu'elles font pour leur *vie morale*.

J'en retrouve, et combien, qui sont retombées déjà dans des ornières profondes dont elles ne se tireront plus jamais, soit par découragement, ayant trouvé la vie trop belle à l'école normale et la tâche trop ardue à la sortie de l'école.

Où donc est l'idéal pour toutes ces jeunes institutrices qui ne savent même plus dire, quand nous les interrogeons, quel est le dernier livre qu'elles ont lu, qui les a fait penser, qui les a fait réfléchir, tant est déjà loin dans leur existence le souvenir du dernier effort fait en vue de leur amélioration ou, tout au moins, en vue de la conservation de leurs forces intellectuelles et morales.

Quelle est l'atmosphère qu'elles ont cherché à créer autour d'elles, de quelles sympathies ont-elles cherché à s'entourer, si dans le milieu où elles vivent elles n'ont pas rencontré ces chaudes affections qui sont nécessaires pour triompher des misères de l'existence?

La parole est à ces jeunes intelligences qui laissent choir dans l'indifférence et dans l'inaction les derniers restes de la belle énergie, de la foi, de l'enthousiasme que l'école normale a essayé de leur inculquer.

Comment les enseignantes peuvent-elles se créer cette atmosphère morale nécessaire à leur vie?

Ici se pose une grave question : c'est celle *du mariage*. Cette question se pose pour toutes les enseignantes à divers moments de l'existence et d'une façon différente selon la catégorie à laquelle elles appartiennent.

Les institutrices se marient ou très tôt ou très tard. On a souvent recommandé aux jeunes institutrices d'attendre quelques années après leur sortie de l'école pour contracter des unions.

Le mariage n'est pas seulement en effet une association de vues et d'esprits, c'est aussi une association d'intérêts. Et si l'on peut attendre de l'union de deux jeunes gens qui s'aiment les résultats les plus heureux; encore faut-il que leur existence matérielle soit assurée pour rendre plus solide le bonheur fondé sur l'amour réciproque des deux conjoints.

Si l'institutrice ne se marie pas avant vingt-cinq ans, il est presque certain ou qu'elle se mariera fort tard ou qu'elle restera célibataire.

Des considérations de famille peuvent intervenir pour retarder l'époque du mariage; puis ce sont des considérations de raison, l'institutrice pèse plus minutieusement, vers la trentaine, les chances de bonheur qu'elle peut retirer d'une union un peu tardive.

Parfois ces unions tardives se décident en coup de vent. L'institutrice se trouve seule après avoir vu disparaître successivement tous les siens; la peur de la solitude la prend, le vide soudain de sa vie affective lui apparaît. Elle contracte une union sans que la réflexion soit intervenue; parfois cependant elle a la chance de trouver un brave et honnête homme et de goûter un peu de bonheur.

Ces unions tardives sont physiologiquement et moralement peu heureuses en résultats.

Elles sont néfastes quand l'institutrice se laisse aller à épouser un homme qui ne l'a recherchée que pour le bénéfice de sa situation modeste mais sûre.

Cependant les mariages tardifs entre deux êtres assortis sont encore préférables au *célibat*.

Je pense et dis que c'est dans le mariage que l'éducatrice peut trouver l'expansion la plus complète de ses facultés d'éducatrice. *Physiologiquement*, une femme n'atteint son complet épanouissement que dans le mariage, et cet épanouissement des forces physiologiques doit avoir une répercussion certaine sur les forces *intellectuelles et morales*. Je dis — sans vouloir blesser en quoi que ce soit les nombreuses éducatrices célibataires qui ont consacré toute leur existence à élever les enfants des autres — qu'il a manqué une chose à leur existence de femmes, qu'il a manqué une chose à leur existence d'éducatrices et que même si elles ont été des maîtresses distinguées elles l'auraient été davantage si elles avaient été mères.

J'ajoute du reste, et ceci les consolera de leur quasi infériorité éducative, que souvent les célibataires ont suppléé par leur dévouement à leur tâche, par le temps qu'elles y ont consacré, à cette quasi infériorité et qu'elles se sont placées au premier rang en tant qu'éducatrices, plus libres qu'elles étaient de s'adonner tout à leur tâche alors que les institutrices mariées et mères de famille étaient dans l'impossibilité de le faire pleinement, obligées de se préoccuper des tâches familiales en même temps que de leur tâche professionnelle.

Il est donc bon, il est donc désirable que les institutrices se *marient*. Certes, je sais à quelles difficultés se heurte une femme qui, après son dur labeur journalier, est obligée de veiller, au foyer domestique, sur le bien-être de son mari et de ses enfants.

Mais je sais aussi avec quelle vaillance la plupart des institutrices mariées le font, et quel bonheur elles retirent souvent d'une union assortie.

Il est souhaitable qu'elles se marient *jeunes*.

Quand on est jeune on supporte plus vaillamment les lourdes charges, plus allègrement les mauvais jours, on est plus résistante pour faire face aux frais de la maternité. Plus tard tout cela devient bien difficile : on a ses habitudes, on est moins porté physiologiquement, on se plie plus difficilement aux exigences très sérieuses du mariage.

Mais je préfère encore, je l'ai dit, le mariage tardif au célibat. Le célibat n'est pas dans l'ordre des choses naturelles. Il nuit à l'expansion de la femme, il est la source de bien des maux, il n'est pas favorable au bonheur.

On a médit beaucoup des célibataires, qu'on dénomme sous un vocable que je ne veux pas rappeler parce qu'on l'emploie habituellement d'une façon blessante.

Les intellectuelles échappent généralement, par l'activité de leur esprit, aux mille manies qui guettent les célibataires oisives. Elles peuvent cependant en être touchées un jour ou l'autre, et d'autres défauts plus graves les guettent. Aucune d'entre elles n'est à l'abri des inconvénients très réels du célibat.

Quelquefois deux célibataires unissent leur solitude, font vie commune, liées par une amitié qui peut leur rendre moins pénible la solitude.

Au risque de paraître pessimiste au sujet de la nature humaine, je dirai que ces unions ne sont pas non plus favorables aux personnes qui les contractent.

Je ne puis entrer ici dans l'examen des considérations morales et autres qui militent en faveur de l'opinion que j'émets, je reprendrai quelque jour cette question qui me paraît intéressante à plus d'un point de vue.

L'expérience montre que les unions d'intérêts, voire même de sympathies de ce genre ne durent pas, qu'elles sont favorables au développement de certaines manies, de certains défauts dont il vaut mieux avoir à se préserver que d'avoir à se guérir.

Ceci est encore de l'hygiène morale. L'institutrice célibataire doit donc chercher à se créer une atmosphère morale faite d'amitiés saines où la passion qui sommeille en chacun et en chacune de nous n'entre pas.

Que ce soit dans sa famille, où elle peut trouver du bien à faire, malgré la mauvaise réputation qu'on a faite aux relations de famille en disant qu'on n'y rencontrait que l'ingratitude ; que ce soit dans des familles choisies avec soin, dans son cercle immédiat ; que ce soit chez des collègues mariées ou célibataires qu'elle aille de temps en temps chercher un peu de distraction ou de réconfort, *il faut qu'elle trouve quelque chose*.

Sans cela sa tâche lui paraîtra monotone, lourde

parce que sans issue, sa vie dénuée de tout intérêt parce que dépourvue des sentiments affectifs qui sont nécessaires à son expansion.

Pour les professeurs de l'enseignement secondaire et de l'enseignement primaire supérieure ou des écoles normales, la question du mariage prend encore un autre aspect plus délicat peut-être que chez les institutrices.

En effet, l'institutrice se marie généralement dans son milieu, soit avec un instituteur, soit avec un employé, qui viennent d'un milieu modeste comme celui dont elle vient elle-même. Je ne parle pas, bien entendu, des institutrices qui épousent des hommes de mentalité différente, soit pour faire un beau mariage (entendons mariage d'argent), soit pour se mésallier, ce qui se voit. Je parle de la moyenne.

Chez les autres enseignantes il n'en est pas de même. La difficulté pour les professeurs de se marier conformément aux exigences de leur idéal, de cet idéal qu'elles tirent d'une culture élevée, est beaucoup plus grande.

Les hommes dont elles se rapprochent le plus par leur culture, ont l'habitude de se tourner vers d'autres femmes, vers celles dont la dot vient compenser les émoluments encore trop maigres que l'État accorde aux hommes instruits, distingués, qui forment l'élite intellectuelle du pays, je veux parler des professeurs de l'enseignement supérieur et de ceux de l'enseignement secondaire.

Quelques-unes sortent de leur condition, celles-
là ne nous intéressent plus directement, puisqu'elles
vont dans une autre voie.

Beaucoup ne trouvent pas dans leur entourage
celui qui pourrait être le véritable compagnon de
leur vie d'intellectuelles. Et plutôt que de déchoir
elles se résignent à rester célibataires. C'est le cas
de beaucoup de professeurs d'écoles normales, en
particulier, qui demeurent pendant toute leur existence attachées aux douceurs d'une vie tranquille
auprès de la famille que constitue l'école.

Et l'on voit ainsi beaucoup de jeunes filles instruites, qui eussent fait d'excellentes épouses, des
mères intelligentes, laisser perdre leurs plus belles
facultés sans profit.

Une personne qui connaît bien les divers milieux
universitaires me faisait remarquer cependant dernièrement que ce célibat valait peut-être mieux
après tout, que les mauvais mariages contractés
souvent par les professeurs.

Elle me citait un lycée de jeunes filles dont les trois
quarts des professeurs femmes étaient divorcées....
Il aurait été intéressant de savoir au profit de qui
avaient été prononcés ces divorces et quels genres
d'unions ils dissolvaient.

La raison qu'en donne mon honorable rapporteur
est la grande divergence qui existe entre l'idéal
conçu à l'école et la réalité parfois brutale de la
vie.

C'est là la faiblesse générale et le danger de notre enseignement du haut en bas de l'échelle universitaire. Certes, on ne saurait placer trop haut l'idéal de nos jeunes maîtresses et de nos jeunes professeurs si l'on veut que l'enseignement national puise sa force et son élévation dans les racines profondes d'une culture intensive ; mais, à vouloir ainsi élever exclusivement vers les hauteurs, où l'esprit de la foule n'atteindra jamais, l'âme de nos jeunes éducatrices, on l'expose à un réveil brutal, à des heurts, à des défaillances, à des découragements qu'il vaudrait mieux éviter.

C'est dans l'éducation que donnent nos écoles normales primaires et normales supérieures, c'est dans la conception qu'elles donnent à leurs élèves de la vie que celles-ci trouveront les forces nécessaires pour lutter victorieusement contre les difficultés de toutes sortes qui les attendent au lendemain de leur sortie de l'école.

Il faut que, non seulement, elles soient des *éducatrices* pleines de savoir et de bonne volonté, mais encore des *femmes* dans le sens le plus large du mot, des femmes résolues à regarder la tâche en face et à ne pas s'effrayer aux premières difficultés qu'elles rencontreront.

C'est là un élément de vie morale dont il faut tenir le plus grand compte. C'est là la base de l'hygiène morale, celle sur laquelle repose la force d'action d'un personnel d'élite, très consciencieux, celle aussi sur laquelle repose le bonheur de la jeune fille qui se marie et qui sait mettre d'accord ses conceptions et la réalité.

Il faut donc envisager *l'hygiène morale* chez les *jeunes professeurs* qui ne se marient pas, le mariage bien assorti en assurant le jeu régulier, et voir de quoi sera composée l'atmosphère morale dans laquelle elles devront vivre. J'ai dit que certains milieux où elles pourraient tenir — et combien honorablement — leur place leur étaient fermés. On craint les intellectuelles et on ne les convie pas volontiers bien que la plupart soient de parfaites femmes du monde. Et cet ostracisme s'explique très bien pour les raisons que j'ai déjà exposées.

Il leur reste les *amitiés* que créent la communauté de culture, de vie, d'idéal. Il faut cultiver chez les jeunes filles ce sentiment de l'*amitié*.

A vrai dire, il se développe tout seul et n'a pas tant besoin d'une culture proprement dite que d'une direction.

Les amitiés nées sur les bancs de l'école sont de diverses espèces. Ce sont les amitiés entre élèves ou entre élèves et professeurs.

Les premières sont naturelles : il faut cependant en surveiller les manifestations qui peuvent dégénérer et prendre un caractère quelque peu morbide à un âge où naissent chez la jeune fille des sentiments nouveaux en concordance immédiate avec des fonctions physiologiques qui s'établissent, sentiments qui peuvent prendre une voie détournée.

Je ne rappellerai que pour mémoire les sentiments passionnés que l'on rencontre chez certaines élèves pour une ou plusieurs de leurs compagnes. Ces sentiments qui sont de l'amour dérivé sont anormaux, et doivent être combattus par le raisonnement.

Je ne sais pourquoi les professeurs d'écoles normales — car c'est à l'école normale que l'on voit apparaître ces sentiments avec une force accrue par la vie d'internat et le manque de satisfaction des besoins affectifs — ne font pas là-dessus quelques causeries sincères, et n'expliquent pas aux élèves *le processus physiologique et psychologique de ces manifestations morbides de l'amitié.*

Ce devrait être là un chapitre obligé de l'étude des inclinations, de leur genèse, de leur développement, de leurs avantages, de leurs inconvénients, de leurs conséquences. L'éducation des sentiments, de la sympathie, de l'amitié est aussi nécessaire chez les jeunes filles que chez les enfants. Il y a une *hygiène* des sentiments qu'elles ne doivent pas ignorer; elles doivent savoir que l'amitié, en dehors même des bons effets qu'elle peut avoir, peut dévier, et engendrer des désordres sur la nature desquels je ne veux pas insister, mais sur lesquels cependant il est bon que les professeurs s'arrêtent un instant. Cela leur permettra d'éviter aussi pour elles-mêmes les inconvénients de ces explosions de tendresse—

car elles n'échappent pas toujours à de pareilles démonstrations de la part de leurs élèves.

Il y a des défenses non expliquées, non discutées qui laissent des doutes pernicieux dans l'âme des élèves, et qui se justifieraient par une explication sincère et naturelle des lois de la vie affective. Elles font plus de mal aux élèves que l'extirpation pure et simple, volontaire, après discussion raisonnée d'un sentiment dont l'intéressée elle-même aurait reconnu l'anomalie. Ainsi seraient évitées bien des erreurs, bien des fautes, bien des accidents qui ont pour la vie de certaines intellectuelles des conséquences fâcheuses.

Je n'ai pas besoin d'insister sur la nécessité où se trouvent les professeurs de se montrer extrêmement circonspectes dans leurs rapports avec les élèves. Elles doivent éviter tout autant la grande froideur, qui excite et exaspère la sensibilité et en accentue les caractères morbides, que la trop grande tendresse qui donnerait satisfaction aux manifestations exagérées et les encouragerait.

C'est une situation extrêmement difficile que celle des professeurs d'internat qui ont à vivre au milieu de tout un monde d'êtres en plein développement physiologique, en pleine maturation de sentiments affectifs.

Leur attitude, leur tendresse affectueuse, mais réservée, et la sincérité qu'elles doivent apporter vis-à-vis de leurs élèves quand se discutent ces questions un peu délicates des besoins affectifs, leur assureront toute l'autorité nécessaire pour diriger sainement la sensibilité de leurs élèves, de façon à ne faire de celles-ci ni des êtres froids et insensibles, ni cependant des névrosées.

Il est impossible à une jeune fille, éloignée de ceux auxquels sa tendresse va naturellement, je veux dire des siens, de vivre en internat sainement si elle ne se sent entourée d'une atmosphère d'affection au milieu des professeurs et des élèves. Si elle peut trouver, dans des *amitiés* saines et dépourvues de passion, à satisfaire ses besoins affectifs, elle sera heureuse et pourra poursuivre sa route sans avoir à redouter les fléaux qui guettent les incomprises et les désabusées qu'on rencontre parfois dans nos écoles.

C'est à la directrice, c'est aux professeurs de faire que la culture de la sensibilité *soit ce qu'elle doit être*, c'est-à-dire le libre épanouissement des sentiments affectifs contenus dans les limites raisonnables.

C'est là qu'est la *véritable base de l'amitié ou de l'amour* dans leurs manifestations normales, c'est là qu'est aussi le moyen d'éviter les dangers du vide moral qu'amène parfois la vie d'internat, dangers qui se traduisent souvent par des troubles nerveux ou psychiques plus ou moins graves : mélancolie, neurasthénie, psychasthénie, etc...

Il y a aussi deux sentiments qu'il faut entretenir

chez les jeunes filles, c'est la *gaîté* et *l'enthousiasme*. Il est impossible que la vie ne chante pas dans des âmes jeunes, surtout lorsqu'il n'y a aucune raison organique qu'il en soit autrement ; il est impossible que la gaîté et l'enthousiasme ne forment pas le fonds du caractère de celles qui doivent élever les jeunes générations : ce sont deux sentiments naturels à la jeunesse, ce sont deux ressorts dont il faut entretenir soigneusement l'élasticité. Avec eux, la jeune fille peut marcher dans la vie plus confiante, plus forte, plus sûre de résoudre les difficultés, plus apte à les vaincre, ou à accepter de bonne grâce des échecs momentanés auxquels sa carrière peut l'exposer et que sa persévérance l'aidera à vaincre avec le temps.

Pour garder intactes ces deux forces, ce n'est pas trop du concours de tout le corps professoral d'une école.

Il faut essayer d'abord de conserver la bonne humeur et pour cela éviter les petites minuties qui irritent sans produire de résultats utiles, envisager la *discipline* comme une chose nécessaire sans doute à la formation des futures éducatrices, mais l'envisager sous sa forme la plus large, la plus libérale, comme il convient à des êtres raisonnables qu'on veut former à l'*exercice de la liberté* et dont on veut développer la *volonté*.

Et pour garder l'*enthousiasme*, cette chose sacrée entre toutes, il faut donner la foi dans la vie, la foi dans l'œuvre de l'éducation; la foi dans ce qu'il y a de plus beau, de plus noble dans l'âme humaine, la conscience.

Il faut mettre d'accord l'idéal et les réalités pour éviter qu'au sortir de l'école l'incertitude ne trouble les âmes, ne tarisse l'enthousiasme, et n'amène le découragement.

Bien plus, il faut que l'enthousiasme soit capable de grandir et de se fortifier au contact même des difficultés.

A cette condition seulement toute la cohorte des éducatrices françaises méritera ce renom de vaillance que les étrangers se plaisent à reconnaître.

L'ÉDUCATION DE SOI-MÊME.

L'œuvre d'hygiène à laquelle j'ai convié tout
d'abord à travailler celles qui ont pour mission de
former les éducatrices, à savoir les professeurs des
écoles normales de tous ordres, comporte un autre
facteur que j'appellerai le *facteur personnel* et qui
consiste dans *l'éducation de soi-même*.

Il serait injuste de demander tout l'effort aux
mêmes personnes. Il est nécessaire d'ailleurs que
cette préparation à l'hygiène professorale qui doit
marcher de pair avec la formation professionnelle
ne soit pas une préparation passive par la *théorie*,
mais un moyen de diriger l'activité vers les fins
utiles à la conservation de la santé physique, morale
et intellectuelle.

Pour que cette préparation soit *effective il faut le
concours le plus large, le plus absolu des intéressées, leur adhésion sans réserves à l'œuvre entreprise
en vue de leur bien personnel.*

L'hygiène est une tâche de tous les instants, de

toutes les classes. Il faut apporter à ses pratiques de l'ordre, de la méthode et de la persévérance. Il faut considérer ces dernières non pas — selon une expression vulgaire, mais qui rend bien la pensée de ceux qui se rebellent à l'idée de s'y soumettre —, *comme des corvées*, mais comme une affaire de volonté, de la volonté dirigée vers un bien indispensable à la vie large, à la vie saine, à la vie heureuse.

Cela est une affaire personnelle, et le dévouement des directrices et celui des professeurs ne pourront *rien* là où la bonne volonté et le désir sincère des élèves maîtresses ne viendront se joindre à leurs efforts.

Il faut que les pratiques d'hygiène soit passées à l'état d'habitudes tellement fortes qu'on ne voie point le moyen de s'y soustraire. C'est à cette seule condition qu'elles pourront avoir quelque efficacité.

Ce n'est point une chose facile, je le sais, que de prendre la résolution de consacrer chaque jour quelques heures de son temps à soigner sa santé, pour l'améliorer si elle est défectueuse, la conserver si l'on n'a aucune raison de s'en plaindre.

Il faut avoir le courage de passer outre aux ennuis passagers qui peuvent résulter des petites privations auxquelles on est obligé de se soumettre si l'on veut bien organiser sa besogne, il faut avoir la fermeté nécessaire pour résister aux suggestions qui pourraient en détourner, ne fut-ce que d'une façon passagère.

Une bonne habitude abandonnée pendant un jour, et tout est remis en question et l'on se trouve déjà au bord de la pente où l'on glisse avec une rapidité plus grande qu'on ne se l'imagine.

Le tort des enseignantes en général est de considérer les *détails matériels* de la vie comme des *détails secondaires ;* et elles devraient se rappeler à propos que nous sommes des êtres organiques avant d'être des machines à penser ou à sentir et que, en hygiène, perdre du temps c'est en gagner car tout ce qui sera perdu en pratiques matérielles sera regagné en vigueur intellectuelle, en force morale.

J'ajoute que la pratique habituelle d'une bonne hygiène devient tellement facile que les soins, même les plus longs, même les plus minutieux, finissent par ne prendre plus que très peu de temps ce qui répondra, je pense, à l'objection traditionnelle que font les enseignantes quand on leur parle du soin de leur santé.

Au-dessus de leur intérêt personnel les enseignantes ne doivent pas oublier qu'il y a *l'intérêt des élèves,* pour lesquelles elles doivent en *tout* être des *exemples.*

Comment parleront-elles d'hygiène à leurs élèves si elles traînent devant celles-ci une vie lamentable, dont la moitié se passe en congé et en soins méticuleux.

Avec quelle force au contraire la prescriront-elles

si elles donnent elles-mêmes le spectacle d'une vie saine et joyeuse.

C'est aux jeunes maîtresses ou à celles qui vont le devenir qu'il faut donc demander de faire sur ce point l'éducation de leur volonté.

Elles doivent à leur dignité d'éducatrices de prouver les bienfaits de l'hygiène par leur propre exemple. Elles doivent à la reconnaissance pour leurs professeurs de montrer que l'éducation à l'école normale n'est pas purement intellectuelle ou professionnelle, mais qu'elle s'inspire par-dessus tout d'une *conception* plus large de la nature de celles qu'on lui confie, à savoir de leur nature de femmes.

CONCLUSION

Arrivées à la fin de cet exposé trop court pour ce que nous aurions voulu dire, mais trop long encore pour les cadres que nous nous étions imposé de ne pas dépasser, et jetant un rapide coup d'œil sur la tâche des enseignantes, nous y trouvons comme une raison de leur demander d'organiser leur vie autrement qu'elles ne l'ont fait jusqu'à présent.

Il ne faut pas espérer que leur tâche deviendra dans l'avenir plus légère et qu'elle leur laissera plus de loisir pour veiller aux intérêts de leur santé. Les méthodes d'enseignement se perfectionneront certes, les programmes seront peut-être un jour débarrassés de tout ce qui est secondaire et les alourdit sans profit, mais alors d'autres charges seront venues s'ajouter aux charges primitives.

L'expansion des œuvres sociales auxquelles l'enseignante doit, par fonction et par dévouement, prendre une part de plus en plus grande accroîtra également la somme de ses obligations.

Il est donc nécessaire, et plus que jamais, qu'elle se mette courageusement à l'œuvre et qu'elle organise sérieusement sa vie.

J'entends la dernière objection qu'on pourra opposer à ce désideratum, et la question des traitements doit venir se poser ici, en dernier lieu.

Ce n'est pas avec le traitement trop modeste encore que notre Société lui fournit que l'enseignante peut organiser sa vie conformément à l'idéal qu'on lui a donné.

Les enseignantes en général n'ont à compter que sur elles-mêmes, que dis-je, beaucoup d'entre elles ont à subvenir aux besoins d'une famille qui a fait de gros sacrifices pour leur permettre de terminer leurs études; or les mauvaises habitudes d'hygiène, et surtout les habitudes d'hygiène alimentaire se prennent souvent au début de la carrière, quand les ressources sont plus maigres, bien que les besoins soient plus nombreux et les charges plus lourdes. Quand la situation s'améliore et qu'on veut remonter le courant, on ne le peut plus car il est plus difficile de remédier à un mauvais état de choses que de conserver un état de choses existant.

Les carrières enseignantes sont celles où l'on débute avec le minimum de salaire, ce sont celles cependant où l'on exige le plus de titres et le plus de garanties.

Et l'on se heurte avec les meilleures intentions du monde à la force inébranlable des réalités maté-

rielles avec lesquelles il faut bien compter cependant.

La sagesse des familles devrait prévoir les inconvénients du déclassement d'un certain nombre de
jeunes filles dont le traitement est trop modeste
pour que les espérances qu'ont fondées sur lui les
familles intéressées soient réalisables autrement
que par des sacrifices toujours dangereux pour la
santé de celles qui doivent les consentir, sacrifices
qui nuisent à son autorité, à son prestige, dans une
société où il faut tenir son rang, si l'on veut réaliser quelque bien, sacrifices qui lui font perdre la
bonne humeur, la confiance en elle-même, qualités
qui ne se peuvent conserver que dans la vie large,
non dans une vie trop resserrée par les exigences matérielles.

La sollicitude des pouvoirs publics devrait aller
vers celles sur lesquelles on fonde, du haut en bas
de l'échelle sociale, les plus grandes espérances et
les espérances les plus belles.

On ne peut réaliser pleinement sa tâche si l'on est
enserré de toutes parts par des nécessités matérielles
qui rétrécissent l'horizon et rapetissent l'idéal.

Si les fonctions d'éducatrice sont à l'heure ac-
tuelle si courues, ce n'est pas, je veux le croire,
parce qu'elles constituent pour celles qui les solli-
citent la grasse sinécure que beaucoup croient, c'est,
je veux l'espérer, parce qu'elles ont un attrait encore
assez puissant pour amener à elles des intelligences

et des volontés capables de les comprendre et de les aimer, capables aussi de s'en acquitter pour le bien de la société qui les leur confie.

Mais ce serait se méprendre étrangement de croire que l'idéal d'une société démocratique puisse se réaliser pleinement, si ceux qui doivent le faire passer dans la pratique sont obligés de le faire au mépris des conditions matérielles de l'existence et de se soutenir avec les seules forces de leur volonté et de leur amour du devoir.

La question de l'hygiène est, à certains égards, une question de traitement, il ne faut pas se le dissimuler, quelque belles que soient les espérances que nous puissions fonder sur la bonne volonté et sur la persévérance de toutes les enseignantes, dans leur éducation hygiénique.

En attendant des jours meilleurs, cependant, chacune peut, selon ses ressources, essayer de mettre sa vie en conformité avec les préceptes de l'hygiène tels que nous avons essayé de les rappeler dans ce travail.

Cela se peut accomplir dans une certaine mesure sans révolutionner le budget public, mais par la mise en œuvre des ressources actuelles, par une économie mieux comprise des ressources pécuniaires, du temps et des forces.

Ainsi se trouvera amorcée la réforme, ainsi peut-être verrons-nous diminuer peu à peu le nombre

des malades de tous genres que peuplent les cadres
de l'enseignement féminin.

C'est à ce prix que pourra s'accomplir pleinement
le rêve de ceux qui veulent que l'éducation nationale
féminine soit de plus en plus large et de plus en plus
belle et se réalise avec le concours de celles qu'on a
pu appeler dédaigneusement les « intellectuelles »
mais qui sont, et qui veulent être, avant toute chose,
des femmes qui incarnent la vaillance et le courage de la femme française dans ce qu'ils ont de plus
noble, de plus généreux, de plus élevé.

Mais il faut aussi que le personnel de toutes nos
écoles, depuis l'institutrice du plus humble village
jusqu'à la directrice de la plus haute école, soit
bien pénétré de cette vérité que la doctrine de
l'éducation qu'il s'est chargé de mettre en pratique,
ne saurait être ni complète, ni efficace, sans la
foi profonde qui doit être au fond de toutes les
âmes d'enseignantes, qui doit être au fond de tous
les cœurs, et qui est le résultat le plus fécond et le
plus tangible du bon équilibre de toutes les forces
vitales.

En ce sens l'hygiène professorale doit être le
pivot d'action et comme la source d'où jailliront pour
les labeurs futurs, les forces réunies de toutes les
éducatrices de France

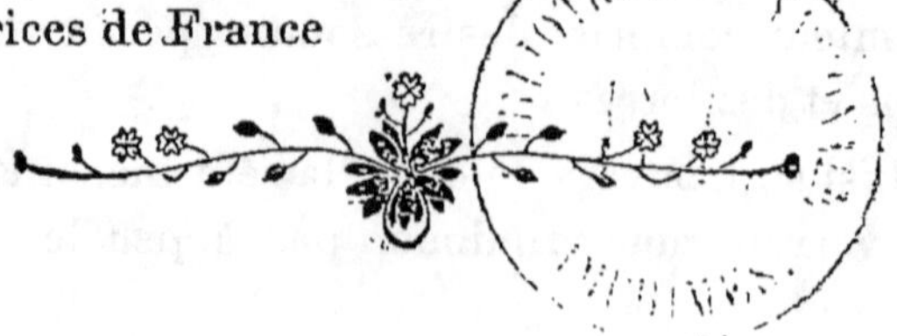

TABLE DES MATIÈRES

LA ROCHE-SUR-YON. — IMPRIMERIE CENTRALE DE L'OUEST